酸面包的细节

Tartine Bread

［美］查德·罗伯逊◎著
［美］埃里克·沃尔芬格◎摄影
徐　鑫◎译

北京科学技术出版社

著作权合同登记号　图字：01-2024-4896

图书在版编目（CIP）数据

酸面包的细节 /（美）查德·罗伯逊著 ;（美）埃里克·沃尔芬格摄影 ; 徐鑫译 . -- 北京 : 北京科学技术出版社，2025. -- ISBN 978-7-5714-4303-0

Ⅰ . TS213.21

中国国家版本馆 CIP 数据核字第 2024HH9207 号

策划编辑：张晓燕	电　话：0086-10-66135495（总编室）
责任编辑：张　芳	0086-10-66113227（发行部）
责任校对：贾　荣	网　址：www.bkydw.cn
图文制作：天露霖文化	印　刷：北京宝隆世纪印刷有限公司
责任印制：吕　越	开　本：720 mm × 1000 mm　1/16
出 版 人：曾庆宇	字　数：233 千字
出版发行：北京科学技术出版社	印　张：16.75
社　址：北京西直门南大街 16 号	版　次：2025 年 2 月第 1 版
邮政编码：100035	印　次：2025 年 2 月第 1 次印刷
ISBN 978-7-5714-4303-0	

定　价：98.00 元

目 录

岁月中的面包

我对面包的兴趣，最初并不是来自面包本身，而是来自一幅旧时的画（见右页图）。那时候，面包是餐桌上的主角，也是人们日常生活的必需品。在这幅画中，一群船员围坐在河边的餐桌旁，准备用餐。在餐桌的一角，一个人把一个巨大的硬皮面包抱在怀里，用刀把它切分成小块。这幅画展现的是一个多世纪前的法国社会生活场景，当时每个工人每天可分配到将近一千克面包，他们每顿饭必吃面包。这种基础面包养育了几代人。为了找到这种有着古老灵魂的面包，我必须先学会制作面包。

十多年前，我在结束了三年的学徒生涯后，开了第一家面包房，以期制作出理想中的面包。我店里的每个面包，都是用双手讲述的故事，同时又如同窑中烧制的瓷器一般，有自己的特征。面包颜色很深，表皮硬脆，内部孔洞大而疏松，有自然发酵所独有的香甜气息和微妙酸味。刚出炉的面包吃起来令人愉悦，就算放上一周，仍然能保持大部分风味。

尽管我曾经跟随美国和法国最好的手工面包师学习，但他们并没有教会我如何制作出我理想中的那种面包，只是教会了我制作面包的方法。

我的第一位老师让我懂得制作面包是一种将手艺和食材相融合的哲学，二者相辅相成。这使我有信心做出理想中的面包。他常说“面团就是面团”，这意味着所有面包都是类似的，即便那些看上去风格迥异的面包，也是如此。

经过多年的学习，我意识到，若一直接受他人的指导，将永远无法制作出我理想中的面包。于是，在我 23 岁时，我和伊丽莎白（现在是我的妻子）在朋友的帮助下，在旧金山北部的托马莱斯湾开了我们的第一家面包房。面包房只有一个房间，我在这个房间里度过了 6 年的时光。我们在房间的墙上开了一个洞，使外面的燃木烤炉与面包房相连。面包房离我家很近，严格来说，我是一个拥有大烤箱的家庭面包师。那些年，我沉浸在烘焙中，通过每天制作上百个面包，将我的理想变为现实。

刚开始，我只有烘焙面包的燃木烤炉，没有制作面团的和面机。为了用手和出 140 千克柔软的面团，我加的水比标准配方规定的多。

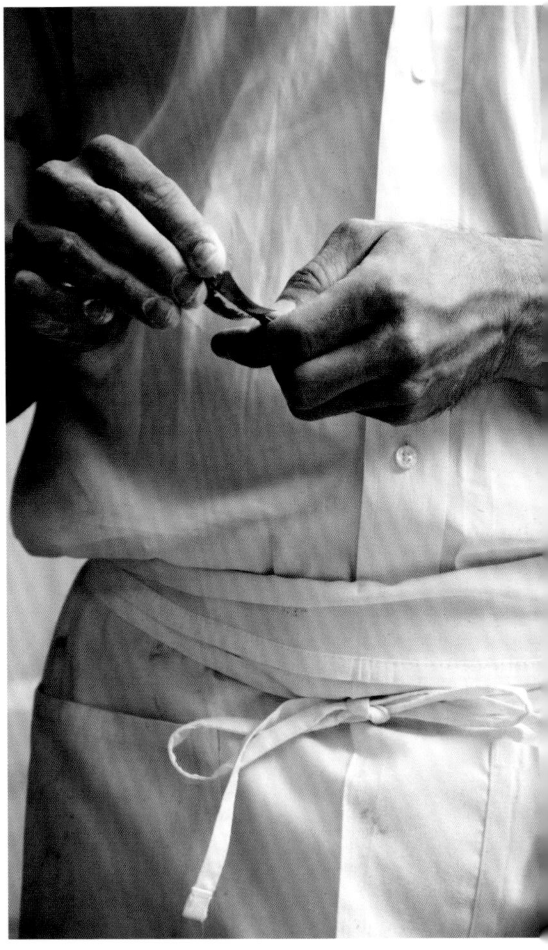

在第一段学徒生涯中，我处理过这种湿面团，对这样的面团很熟悉。当我制作面团、给面团整形、将其放在发酵布上发酵时，我们的燃木烤炉一整天都烧着。面团整形完毕后，通常还需等几个小时才能烘焙，这导致我不得不一整晚都在烘焙面包。在经历了几个月的睡眠不足后，我决定调整做法——在傍晚的时候打开窗户，给面团降温，这样可以显著减缓面团的发酵速度。这样，我就可以等到第二天早上再烘焙面包。

用这种方法制作面包时，我发现，经过长时间的发酵，面包有时候会比我想要的酸。为了解决这个问题，我开始在天然酵种较"年轻"的时候使用它，这时它的活跃度相对低，这样我就可以在所追求的复合风味与恰到好处的酸度之间取得平衡。现在，晚上我可以踏实休息，从像蝙蝠一样日夜颠倒的作息中解脱出来。这种做法带来的唯一问题是，我每天烘焙面包的时间推迟了，只能在下午出售面包。但正因如此，我感受到了晚餐有热面包、早餐有复烤面包的幸福。在独自工作了 10 年后，我招收了第一批学徒。我生活中的大部分时间都在制作面包；它不仅仅是我的谈资，更是我为之奋斗的事业。制作面包对我而言已经成为一种冥想的方式，我喜欢这种状态。之后，因为一个偶然的机会，我才从这种状态中抽离出来。

2005 年，毫无烘焙经验的埃里克·沃尔芬格来到我的塔汀面包房工作，他想成为一名主厨。埃里克在南加州长大，冲浪运动一直伴随着他成长。他发现他的冲浪安排与我的面包房的营业时间一点儿也不冲突。我的面包房中午才开始营业，傍晚时分就关门。于是，他提出一个建议：他教我冲浪，我教他制作面包。埃里克通过不懈的努力说服了我，我决定尝试一下冲浪。

我第一次冲完浪后，肋骨疼痛不已，但在疼痛消失之前，我发现我已经爱上了这项运动，埃里克就是我的教练。我每问一个关于冲浪的问题，埃里克就会问我一个关于面包的问题。驰骋在起起伏伏的海浪上，我们经常同时进行两个话题的讨论。我们就这样早上冲浪，下午烘焙面包，互相学习。

我很幸运，埃里克在这里待了很长时间，不仅学会了如何制作完美的面包，还深刻理解了我制作面包的方法，因此我们才有机会合作完成这本书。

随着时间的推移，我逐渐将脑海中的想法梳理清楚，并且重新定义了面包的制作方法。本书是一部烘焙指南，在书中我们将每天讨论的内容提炼、整理成了适合在家中操作的步骤。

传统上，根据经验制作面包的方法并不适合写成可供参考的配方。早在微生物研究出现之前，面包师就已经了解了面包制作过程中那些细微的变化。他们掌控面团的发酵过程如同掌控自己的生活般得心应手。现在的面包师也是如此。整个发酵过程由酵头开始，通过控制发酵的方式来控制最终的成品。从前和现在一样，了解面团各个发酵阶段的特点，是成功制作面包的关键。所以，观察面团的状态是把控各个发酵阶段的基础，也是本书中很重要的部分。在创作这本书的过程中，我们从头到尾都需要拍摄、记录。在我看来，埃里克有面包房的工作经验和对摄影的热情，由他来拍摄再合适不过了。这使得埃里克必须在这里再待一年。

当我开始描述如何制作一个基础面包时，我意识到，需要将我的方法转化为适合在家中操作的详细步骤。多年来，埃里克一直利用休息日在家中制作面包，他用两口铸铁锅（一口平底煎锅和一口深锅）烘焙，效果非常好。他建议我们招募一些测试者，为他们建一个加密的博客，与他们分享我们的制作方法，并送给他们这种铸铁锅，让他们用来烘焙。同时，我们鼓励他们在博客上分享在家里制作出的面包的照片，提出遇到的问题。我们根据这些问题修改操作步骤，使书中的内容更加清晰明了。

这样做也便于我们检查制作流程。我最初打算每写完一个配方，就发在博客上请测试者进行测试。但在测试的第一周，我们发现了两件事：一、我们没有足够的时间每天与测试者在博客上互动；二、许多测试者在家中第一次尝试制作出的面包，就像我们店里制作的一样好。这两件事完全超出了我们的预期，尤其是测试者的成功更让我们意想不到。事实上，我们在本书第一章里展示的面包，就是测试者在家中制作的。

我们一直与那些定期制作面包的测试者保持联系，并解答他们关于时间安排和温度的问题，以帮助他们按照自己的日常安排来制作面包。其中一些测试者制作的面包非常接近配方想要呈现的效果；而另一些人则根据他们的需要，制作出了完全不同却同样好吃的面包。

这正是我所希望的，于是我决定在这本书中介绍我们的一些测试者，并结合他们的实际制作经验，来介绍他们是如何改进我们的配方，最后制作出属于他们自己的面包的。

本书中的面包做法基于一系列相对灵活的理念。我们先从一个基础配方

ARTISAN
NET WT. 50 LBS. (22.68 Kgs)

引入这些理念，然后在整本书中逐步展开。当你对面包的制作原理有了更深入的理解，你就可以通过调整时间和改变技巧，制作出更加多样的面包。不过，我们最终的目标始终不变，那就是制作风味浓郁、外皮酥脆、内部组织湿润松软的面包。

我们将从制作天然酵种开始，教你如何用天然酵种在家制作我们面包房的同款基础乡村面包。我在学习制作面包的过程中发现，观察是一项很重要的技能，所以我将在本书中用大量图片来展示制作过程。雅克·贝潘的《技术》和《方法》两部著作给了我很大的启发。学习一门手艺，既关乎模仿也关乎理解，既需要从视觉上观察，也需要用心领悟。一开始做学徒的时候，我只能观察面包师制作面包的过程，负责打扫卫生，很久之后才有机会接触面团。现在，有了这本书，你可以在观察的同时动手制作。

在创作本书时，我们讨论过一种方案，即从介绍即发干酵母面包的制作方法开始，以鼓励那些对使用天然酵种感到麻烦的读者。之后我们再以长时间发酵可以得到口感更好的面包为理由，指导读者培养天然酵种，进而制作所需步骤较多但风味更好的面包。但是我们发现，利用即发干酵母制作一个充分发酵的面包所需的时间，与制作一个天然酵种面包所需的时间相差无几。但是，面包品质却天差地别。即发干酵母面包丧失了我们喜欢的面包的一切特点，没有那种风味和口感。

最终我们决定，在这本书中只教读者使用天然酵种（即鲁邦种或酸面团。用酸面团制作的面包，通常被简称为酸面包）制作面包。我建议使用“年轻”的天然酵种，它的酸度很低。相比那种酸味和醋味很重的天然酵种，这样的天然酵种闻起来更香甜。当只用面粉、水和盐制作面包时，有追求的面包师应该把注意力放在如何控制发酵过程上。这并不是什么新理念。

1930 年之前，法国的面包师都使用天然酵种制作面包。在即发干酵母出现后，培养和使用天然酵种的技术开始式微。相比于风味，面包师更看重便捷性。这一转变使得传统的基础烘焙技术逐渐失传。尝一下分别用天然酵种和即发干酵母制作的布里欧修，你就会发现前者无论是在风味上还是在贮存品质上，都有着明显的优势，你会感觉到把时间花在培养和照顾天然酵种上是值得的。一旦天然酵种培养成功，你就可以按照自己的时间安排和口味，用各种方式使用它。

这本书从基础乡村面包配方开始，之后的配方都在这个配方的基础上进行变化。所有配方都使用了 1000 克面粉，方便你对照比例和最终结果。通过调整原料、比例和操作方法，你将学会如何从制作基础乡村面包转变为制作比萨、法棍、布里欧修、可颂和英式玛芬等。在这本书里，你会感受到基础乡村面包的配方是所有配方的基础。无论是薄而脆的扁面包的配方，还是经典法棍的配方,都是由基础乡村面包的配方演变而来的。掌握了这个基础配方，你就能利用这本烘焙指南到达任何你想到达的地方。

理查德 · 波顿

我们的塔汀面包房的起源，要追溯到 1992 年。当时距我从纽约的美国烹饪学院毕业还有几个月，我和同学们前往位于马萨诸塞州西部伯克希尔山的一家面包房参观。在途中，我向当时还是同学的伊丽莎白表达了我想成为一名面包师的想法。

那天早上，我和丽莎（伊丽莎白的昵称）迟到了，面包师已经完成了大部分的工作。伴随着巨大的红砖仓库中回荡的法国前卫音乐家萨蒂的乐曲，最后一批烘焙好的面包被从烤炉中取出，塞进已经满满当当的货车。最后一个班次的面包师负责把面包送到周边的城镇。

这个地方似乎比我之前工作过的那些忙乱的厨房更适合我。我在一个制造牛仔靴和马鞍的手工世家长大，这家面包房带给我的感受与我对真正的手工艺和宽松氛围的追求完美契合。

当我的同学们努力在曼哈顿的知名厨师那里寻找职位的时候，我却开始在理查德 · 波顿身边做学徒。在成为面包师之前，理查德是一位圆号演奏家。20 世纪 70 年代末，理查德放弃了圆号，转而投入了面包的怀抱，并带着家人在法国阿尔卑斯山地区四处参观面包房（大部分时间步行）。1992 年，当我认识他的时候，他以美国首批提倡法国传统烘焙技术的面包师而闻名。这种技术要求在烘焙面包时使用极湿的面团，让面团在天然酵种的帮助下缓慢发酵。理查德的面包配方是出了名的难，但在东海岸日益壮大的手工面包师群体中，他有不少崇拜者。

这位和蔼可亲的面包师接受了我的请求，收我为学徒，同时为我和丽莎提供食宿。我们与他、他的妻子以及 5 个孩子一起住在农场里。丽莎在附近的一家餐厅做甜点师，我则每天在理查德的面包房持续工作 12 小时。我通常在傍晚时离开面包房，早上日出前再去。那是一个漫长而炎热的夏天，我与理查德一起工作。我们制作面团、整形，每天烤 3000 个面包，然后送货。我也因此找到了我愿意终身从事的职业。

理查德的目标是做出“好食物”，他用尽可能多的水来制作面团，以提高面团的水化度，同时充分烘烤面团内的淀粉，制作出易于消化的健康面包，就如同用一杯水、一杯米煮的米饭远比用半杯水、一杯米煮的米饭更好消化。他坚持用天然酵种制作面团并使其长时间发酵，他认为这个过程可以释放出全谷物中的营养，否则面包不好消化。高水化度的面团经过长时间的自然发酵，使面包独特而可口。这些面包内部极其湿润松软，并且有一种只有使用天然酵种经过长时间发酵才能得到的悠长风味。理查德制作的面包确实是一种美味，但是他看出我想进一步探索。两年后，他鼓励我去深造。

普罗旺斯地区与萨瓦省

在北加州短暂停留了一段时间后，我和丽莎前往法国阿尔卑斯山，寻找理查德经常提及的面包师。我准备去拜访我的老师的老师。理查德讲了太多关于这位老师的故事，让我脑子里充满了幻想——那里有许多巨大的燃木烤炉，面团湿软到必须在半空中整形后才能放在工作台上。这让我想到了电影《魔法师的学徒》中的场景。事实上，我很快也得到了一把扫帚，整天清扫一家面包房。

我们没有像在理查德那儿那样在农场里生活，但我们仍沉迷于法国乡间的生活。我们先是在普罗旺斯和丹尼尔·科林一起工作，之后和帕特里克·勒波尔一起到萨瓦省的阿尔卑斯山工作。

当我们到达普罗旺斯时，丹尼尔在火车站迎接了我们，并帮我们找到了住处——和他的一个朋友同住。他的朋友有一座古老的葡萄酒庄，其中有数公顷老葡萄藤。酒庄的一部分已经坍塌成废墟。他告诉我们，还有几个人住在这里，现在这里已经是一个“自然主义者”的隐居地。这座酒庄被称为“玛丽精灵”，是一个融合了伍德斯托克时代的文化、神秘主义、普罗旺斯乡村风格的新时代混合体。

每天早上，我们骑着自行车穿过古老的葡萄园，经过牧羊人身边，前往工作的地方。丽莎与甜点师一起工作，而我和面包师一起工作。丹尼尔自告奋勇地教我美国爵士乐的历史。他收藏了众多音乐人的黑胶唱片，包括迈尔斯、蒙克、明格斯、柯川和比尔·埃文斯等人的。我们每天享用全麦面包、肉酱以及在当地比水还便宜的桃红葡萄酒。那真是一段惬意的时光。

最初的几个星期，我和丽莎只能在店内打扫卫生，并不停地用热水冲速溶咖啡。但很快，我的整形技术得到了认可。我意识到，在与理查德共同工作的那段艰难时期，我打下的基础是多么牢固。法国人对我能够正确处理他们湿软的面团感到惊讶，这种面团在家庭烘焙中很常见，但是在需要大规模生产的批发连锁面包房中，制作起来很费事。因为我可以顶班，所以我成了店里的意外收获，解决了他们排班的难题，让他们在人手不足的假期也能正常营业。我很快发现身边多了很多朋友。我们在丹尼尔的手工面包房工作了半年。

当我们准备出发去阿尔卑斯山时，丹尼尔提议，我们可以搭他的车。他想绕道波尔多去看望他年迈的父亲，恰巧我们也有这个时间。出发那天，他特地为父亲烤了一小炉面包。制作这些面包所用的面团比平时用的更湿软，经过了长时间发酵，被烤得又热又黑。面包内部有巨大的泛着珍珠光泽的孔洞，表皮在冷却过程中裂开了。

装这些面包的时候，丹尼尔说："这是我常给自己做的面包，但客人不会买它们。"这是一种终极面包，也算是丹尼尔毕生研究的成果。丹尼尔为他父亲烤的面包的样子牢牢地印在了我的脑海中。我从来没有在任何其他地方见过这样的面包。我感觉自己离找到那种有着古老灵魂的面包又近了一步。

丹尼尔开着一辆装满面包的标致牌旅行车，向法国西部进发。他告诉我，在靠近海岸的一座小村庄里有一位独居的面包师，那位面包师做的面包就跟他为父亲做的一样。

这位面包师位于梅多克的面包房只有一个房间，里面有一座燃木烤炉，墙上钉着用来展示面包的木架，门外挂着一个铃铛。傍晚时分，当热乎乎的面包从炉子里拿出来时，铃铛就会响起，此时正是晚饭时间。这颠覆了我的认知。晚饭吃新鲜面包才是完美的，现烤出炉的面包本身就是美好的一餐，为什么要熬夜工作，非要早上吃新鲜面包？我从来不知道这位面包师的名字，我一直称他为"了不起的面包师"。多年后，我在人生的低谷期回忆起了他，并找回了那早已被忘却的生活方式。

在去萨瓦省的路上，丹尼尔还带我去见了瓦赞先生，他为丹尼尔和帕特里克设计并建造了多层燃木烤炉，也为"了不起的面包师"重建了有百年历史的烤炉。虽然他的名字在法语中的意思是"邻居"，让人感觉他应该很友善，但据说他本人并不是很好相处——瓦赞先生从未离开过法国，并且不怎么喜欢外国人。他喜欢在早餐时吃自己制作的鹅肝酱，并来一杯苏玳贵腐葡萄酒。难得的是，他居然邀请我们和他一起用餐。我们在户外吃饭，旁边是一艘旧木船，上面种满了野草莓。我们一边品尝美食，一边讨论法国建造烤炉的历史。

丹尼尔把我们送到帕特里克·勒波尔的面包房，在那里我们受到了热情的款待。阿尔卑斯麦片、本地的斯佩尔特小麦面包、拉可雷特奶酪，这些使我们拥有了一段美好回忆。主人的友好和慷慨让我们受宠若惊。

我们喜欢这里的工作和食物，有时下午还去附近的高山牧场散步。当地有一些面包师在高海拔的地方饲养牛和山羊，制作当地传统的季节性奶酪。我们逐渐融入面包师中，开始安顿下来。我们讨论要不要就留在这里，但我的法国朋友们反对。他们认可我作为一个年轻的面包师所付出的心血，并建议我回美国造一座烤炉，做自己的面包。在法国的这段学习经历对我来说至关重要，同时富有启发性，让我能够把理查德教我的东西融入传统的历史背景中去审视和实践。

当时在法国，学徒面包师要工作 20 年以上才有机会自己开店。对一个“年轻”的面包师来说，自己创业意味着违背几代人的传统。法国的面包师受到传统的束缚，必须做出人们期望的那种面包——很大，烤得很黑，内部有很大的孔洞，但这种面包在这个新时代并不算是“好面包”。不过，这一点在接下来的十年里可能会发生变化。

雷伊斯角

我们想着回到家后，就能随心所欲地做自己想做的东西。市场会决定我们的命运。我听从了朋友们的建议，于 1994 年不情愿地回到了北加州。借钱度日的我们还遭遇了严重的文化冲击，恨不得立刻跑回法国。不过，这种感觉很快就消失了，因为我们还有很多事要做。

我和丽莎听说旧金山北部托马莱斯湾的山上有一个会建造烤炉的人——艾伦·斯科特。他住在一座农场里，里面有一座燃木烤炉。他有几十年的烤炉建造经验，他建造的烤炉以简单、精美而闻名，是一种非常高效、清洁的砖石烤炉。

傍着博利纳斯海滩和托马莱斯湾的西马林郡，到处都是历史悠久的牧场、小型有机农场、生物动力农场和葡萄园。这里的饮食文化生机勃勃，充满了我们所怀念的法国乡村的魅力。

我联系了艾伦，他说如果我们愿意帮忙打理房子和农场，他可以提供食宿。我迫不及待地想试试他的烤炉，于是开始每周在农场烤几天面包。艾伦很高

兴看到他的烤炉经常被使用。他坚持自己磨面，还经常趁烤炉热的时候，烤一炉他拿手的德塞姆面包——一种用新鲜研磨的全麦粒制作的天然酵种面包。午餐桌上艾伦制作的面包说明他一直在忙着磨谷物和照顾他的天然酵种。

艾伦充分利用了烤炉的余热，在烤炉逐渐冷却的几天里，他一直在用它煮豆子、烘干蔬菜和香草，还用它制作烤什锦麦片。

一天早晨，我们吃着全麦黄油吐司配钢切燕麦（这是艾伦喜欢的早餐搭配），向艾伦请教如何在镇子附近开一家小面包房。他马上提出愿意为我们建造一座烤炉，并借钱给我们开店。他的信任和慷慨对我们来说就像一场及时雨。

我们搬到了雷伊斯角 1 号公路旁的一栋房子里，对面就是当时还在建设中的女牛仔奶酪工坊。在艾伦的指导下，朋友和邻居帮我们在家门口建了一座燃木烤炉。我们很快就开始用新鲜面包换取野生鲑鱼、鲍鱼、牡蛎、鸭子、鸡蛋、新鲜水果和蔬菜。丽莎在烤炉没有完全烧热之前或冷却之后，用它烘焙糕点。

我仍旧把心思放在制作面包上，使用的是我在伯克希尔山和法国当学徒期间学到的传统面包的制作方法，同时继续寻找有古老灵魂的面包。

在法国，我爱上了用野生酵母菌制作的面包，这种面包具有香甜的奶油味，与人们普遍认知中的酸面团面包截然不同。我想要的不是有明显酸味的面包，而是那种有着深褐色外皮的面包：表皮在齿间碎裂，露出细嫩的珠光面包心。我希望面包师用刀片在面团顶部割出的割口能够裂开并翻起，面包表皮能够形成锋利的边缘。烤炉烤出的乡村风格的面包是这一结果的最终体现。为了让这些又大又硬的面包拥有更多的拥趸，我会在面包还热乎的时候就送到市场上。

一开始，我按照自己学的方法制作面包，但现在情况不同了，我需要做出调整。我没有和面机。对一个独立面包师来说，每天手工揉上百千克的面团简直是不可能完成的任务。手工揉湿面团相对容易一些。我把面团放在桶里，每隔一段时间就轻轻折叠一下，以此来“揉”面团。我向 19 世纪的法国妇女学习，遵循她们数百年来利用容器揉面的传统，让时间和发酵来完成大部分的揉面工作。

在雷伊斯角的最初几年，小面包房就像一个实验室，里面有 3 种原料：面粉、水和产自法国西南部盖朗德的粗灰盐，它们组成了一个充满无限可能的世界。我的大部分经验都是通过不断尝试和犯错得来的。随着时间的推移，我将每次获得的经验都总结为简单的操作方法。这种方法并不严谨科学，但我在这些日子里速记的笔记和拍摄的面包出炉的照片，记录了面包表皮和面包心的显著变化。在雷伊斯角工作多年后，我做出了自己想要的面包。

在已经饱和的手工面包市场上，我们的乡村面包显得与众不同，人们很快就注意到了我们。“实验室”变成了工作室。为了维持生计，我将每周的生产时间从 3 天增加到 5 天，最后到 7 天。

我在雷伊斯角徒步送货，丽莎则开着我们产自 1953 年的雪佛兰旅行车满载着糕点和温热的面包前往伯克利农夫市场。在那里的停车场，人们在一小

时前就排起了长队等待我们的产品。

在乡下待了6年后，我和丽莎把我们的小生意暂时搬到了米尔谷，后来又搬到了旧金山。2002年初，我们接手了街角一家快要倒闭的蛋糕店，并以“塔汀面包房”为名开张营业。

城市里的乡村面包

自2002年以来，塔汀面包房以及我们整个街区的餐馆和商店成为我们生活的中心。我们一直保持着“现烤面包”的传统。我们的面包师会在开始营业前才从烤箱中取出热气腾腾的可颂和法式咸派。面包房的烘焙工作会一直持续到下午。上午甜品的烘焙占用了层炉，直到下午2点后，我们才开始烘焙面包。第一批面包在下午5点前出炉，温热的新鲜面包可以直接作为晚餐。自第一家面包房在雷伊斯角开业以来，我们一直保持着相对小的生产规模。

在新的城市，我们必须将燃木烤炉换成一台巨大的燃气层炉。燃气燃烧永远不像木柴燃烧那样，能带给人满足感。但看着木柴燃烧，然后在烟雾中消失，我总感觉压力很大。相比于替代燃料，真正的木柴实在太宝贵了，不适合作为燃料。如今，在法国和西欧其他国家，大多数燃木烤炉使用的是压

制的锯屑“原木”和建筑过程或木制品加工中剩下的废木材。

木柴带来的任何味道都是美妙的。当木柴开始燃烧时，烤炉内壁会因烟灰而变黑。当烤炉内部温度到315℃时，烟灰就开始燃烧，烤炉内壁被烧得干干净净。面包师在放入面包进行烘焙之前要清扫并拖干净炉膛。多年前，当我开始烘焙时，北加州的许多面包师都用桉木作燃料。这种木头很便宜，烧起来特别脏，但烤出来的面包还是很干净的。幸好烧过的木柴不会给面包带来任何味道。

一些老顾客知道我的面包来自雷伊斯角，对燃气层炉持怀疑态度。他们担心面包会失去一些特有的风味。我倒是不担心。因为制作可口面包的关键并不在于烘焙设备，任何能够储存、散发热量并释放、保持蒸汽的烘焙设备都能烤出好面包。面包表皮如何很大程度上在面包烘焙之前就已经定了。

面包师的重要技巧在于管理发酵过程，与所用烘焙设备无关，发酵才是制作好面包的关键。这也使得出版这本书成为可能——如果无法在家中制作出与书中图片上一样的面包，我就不会尝试为家庭面包烘焙者创作这本书。我相信他们能够做出来。他们会做到的。

一如往常，面包永远掌握在面包师手中。

第一章

基础乡村面包

Basic Country Bread

本章所讲的是制作面包最基础的配方，我在雷伊斯角工作时就在用它。这个配方是制作本书中所有面包的基础。我外出旅行时，对这种面包总是念念不忘。

制作这种面包的过程很简单，并且书中还附有关键步骤的照片。经过我们测试者验证，任何人仅用这一章的方法就能烘焙出可口的面包。

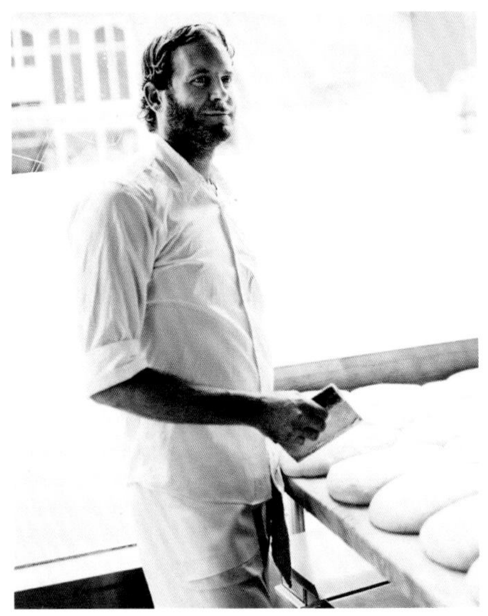

在基础配方之后，我对制作过程的关键部分进行了详细说明，重点放在帮助你理解这些实用的知识上，使你有能力在基础配方之上进行探索，同时根据自己的具体需求做出调整。我建议你在制作面包之前，先查看基础乡村面包的配方，并深入了解与基础乡村面包相关的知识。请记住，你仍然需要花时间亲自烘焙，积累经验，来真正理解其中的原理。

你也会看到测试者的介绍。他们制作的面包足以媲美我吃过的任何面包。我相信他们的烘焙笔记会带给你灵感，就像带给我灵感一样。

制作本书中的基础乡村面包和其他面包时，你需要这些厨房工具：电子秤，用来盛取面粉的小勺子，温度计，用于制作面团的宽口盆，硅胶铲，面团刮板，以及金属切面刀。在塔汀面包房，我们使用宽口金属盆来混合各种原料，以避免脏乱。烘焙基础乡村面包和其他面包时，你需要一口荷兰锅。需要特殊设备时我会在相应的配方中注明。

基础乡村面包

用天然酵种制作面包可分为3个基本阶段。首先，必须培养出有活力的酵头。然后，要每天坚持有规律地喂养它，使其成为可以用来制作面包的天然酵种，并利用天然酵种制作面团。最后，给面团整形，并将其烘焙成面包。这本书中的基础乡村面包配方可以制作2个面包。

制作酵头

制作酵头从培养菌群开始。当面粉和水混合在一起时，其中的微生物开始自然发酵，就形成了菌群。这里的微生物指的是存在于面粉、空气和你手上的野生酵母菌和细菌。发酵开始后，你要有规律地喂养菌群，目的是将其“训练”成活跃且可控的酵头。

步骤1 量取2000克混合面粉：一半为白面粉，一半为全麦粉。要使用这种混合面粉（中筋面粉也可以）来喂养菌群，使其成为酵头。在一个透明的小碗中，倒入半碗温水。在水中加入一把混合面粉，用手搅拌成没有结块的浓稠面糊即可。用面团刮板将手上的面糊清理干净，并将碗壁刮干净。用厨房毛巾盖住小碗，在阴凉处放置2 ~ 3天。

步骤2 2 ~ 3天后，检查面糊，看其内部和表面是否有气泡。如果看起来菌群不太活跃，可以再放1 ~ 2天。

这个时候，通常面糊顶部可能已经形成了一层深色的硬壳。将这层壳拨开，仔细观察面糊发酵产生的气泡，并闻一闻气味。在初期阶段，如果面糊闻起来有浓烈的臭奶酪味和明显的酸味，就表明菌群已经非常成熟了。这个时候就可以进行第一次喂养了。

步骤3 先丢弃大约80%的面糊，再加入等量的水和混合面粉以代替被丢弃的部分。就像步骤1中所做的那样，将水、面粉和面糊混合均匀。现在已经进入将菌群“训练”成酵头的阶段了。

每隔24小时重复一次丢弃和喂养操作，要在每天的同一时间进行，最好在早上。在喂养过程中，不用太在意水和面粉的分量，你需要的只是浓稠的面糊；重要的是酵头被喂养后的变化。

随着酵母菌和细菌达到平衡，在喂养后的几小时内，酵头的体积会增加，

之后会开始减小，这标志着一个周期结束了。要注意酵头的气味是如何从刺鼻的臭味和浓烈的酸味转变为甜味和奶香味的，这时的酵头处于喂养周期中最新鲜、最“年轻”的阶段。要想让酵头达到新鲜和“年轻”的状态，有两种做法：保留 20% 的原有酵头，加以喂养，经过 2 ～ 4 小时可达到香甜成熟的状态；或者保留 5% 的原有酵头，加以喂养，经过 4 ～ 8 小时也可达到同等香甜成熟的状态。当酵头在每次喂养后体积都会有规律地增大和减小时，就标志着酵头已经喂养好了。此时你就可以开始制作天然酵种，随后用它制作面团。

请记住，“训练”酵头是有一定的容错度的。如果你某天忘了喂它，不要担心，只要记得第二天喂它就可以了。只有长期忽视它或将它置于极端的温度下，才会搞坏酵头。即便出现这种情况，规律喂养一段时间后，酵头通常也可以恢复活力。

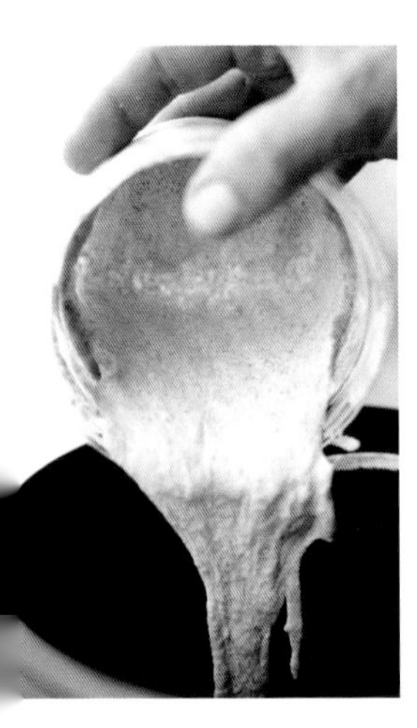

制作天然酵种和面团

当酵头体积有规律地增大和减小时，你就可以用它来制作面团了。在准备制作面团时，面包师会通过称重的方法来量取面粉、水和盐，这种方法有助于面包师更好地理解配方中各原料之间的比例关系。当你学会用各种不同的配方制作面包时，你会发现原料之间的比例关系多么重要。为了便于计算，本书中的面包配方都使用公制单位。

步骤 1 在你计划制作面团的前一天晚上，留下 1 汤匙成熟酵头，其他的可以扔掉。用 200 克温水（25℃）和 200 克混合面粉喂养酵头。然后用厨房毛巾盖住酵头，让其在凉爽的室温（18℃）下发酵一整晚。天然酵种就制作好了。

到了早上，天然酵种会因野生酵母菌的活动而膨胀，体积会增加约 20%。要判断天然酵种是否可用，最可靠的方法是看天然酵种在水中能否漂浮起来，这是因为野生酵母菌在活动中产生了二氧化碳。测试天然酵种时，可将一勺天然酵种放入一碗室温水中。如果它下沉，说明它还不能用，需要更多的时间来发酵和成熟。你可以把天然酵种放在温暖的地方，以加快其发酵速度，半小时后再检查。

天然酵种闻上去应该有一种过度成熟的水果的香甜味。我把这种酵种称为“年轻”的天然酵种，它还没有发酵到有酸味的程度。如果天然酵种闻起来有酸味，你有两个选择：用这种天然酵种直接制作面团，但你要有心理准备——面包口感会发酸；你也可以丢弃一半的天然酵种，再加入 100 克温水和 100 克混合面粉。这样做可以稀释天然酵种的酸度，给它提供新的养料，使它重新发酵和成熟。新混合好的天然酵种大约需要发酵 2 小时，通过漂浮测试后就可以使用了。

步骤 2 准备好表（见第 28 页）中所列的原料，开始制作面团。为了方便，需要准备一壶 27℃的水。

面包师按原料比例来理解配方，并将这些比例转化为烘焙百分比。面粉，无论用量为多少，都是恒定的 100%，其他原料的比例都是对照面粉用量来计算的。从这个基础配方开始，本书中所有配方都使用 1000 克面粉。这样做是为了帮助你像面包师一样思考。当你理解了基本原料之间的比例关系以及它们的组合作用后，你就可以调整配方，来获得你想要的结果。

水与面粉用量的比例被称为水化度。例如，用 600 克水和 1000 克面粉制成的面团的水化度就是 60%。换句话说，水的重量是面粉重量的 60%。这里的基础乡村面包面团的水化度是 75%。下表是本章中基础乡村面包面团的配方。在这里，我们制作的是水化度为 75% 的面团——一开始相对容易处理。当你能够轻松处理较软的面团时，你就可以根据你自己的口味逐渐提高面团的水化度。

原料		用量	烘焙百分比
水（27℃）		700 克 +50 克	75%
天然酵种		200 克	20%
面粉	白面粉	900 克	90%
	全麦粉	100 克	10%
盐		20 克	2%

步骤3　量取700克27℃的水，倒入一个大和面盆中。加入200克天然酵种，搅拌。（一定要保存好剩下的天然酵种——这就是你的酵头。如果你打算每隔几天就烤一次面包，那就继续丢弃一部分酵头，并按照第 24 页步骤 3 的方法每天喂养它。你如果只是偶尔烤一次面包，请看第 50 页了解保存酵头的相关知识。）

在上一步水和天然酵种的混合物中加入1000克面粉（900克白面粉和100克全麦粉），用手混合水和面粉，直到看不到任何干面粉。用面团刮板刮干净你的手和盆壁。将面团静置25～40分钟。不要跳过静置这个步骤。在面团静置期间，面粉中的蛋白质和淀粉会因吸收水分而膨胀，会使面团变紧实。

步骤4　静置一段时间后，在面团中加入20克盐和50克温水。用手抓挤面团，使盐溶解在面团中。面团会先散开，然后随着折叠，会重新成团。如果盐没有马上溶解，也不必担心。如第33页图中所示，拉起底部的一部分面团，重复叠到面团顶部，随后将其转移到一个小的透明容器中。在塔汀面包房，我们使用一种由保温材料制成的容器，给面团在关键的基础发酵阶段保温。如果你从来没有做过面包，那么能从容器外观察面团在发酵过程中的膨胀情况对你是很有帮助的。我们喜欢用厚实的塑料容器，因为它安全且容易清洗。当然，厚重的玻璃盆也很好用。

现在面团已经开始了第一次发酵，也就是基础发酵。这个步骤很关键，不能操之过急，它的主要作用是形成面筋网络和风味。面团发酵时对温度非常敏感，通常情况下，温度较高的面团发酵较快。在塔汀面包房，我们尽量使面团的温度保持在25～28℃，以便使面团在3～4小时内完成基础发酵。

较小的面团发酵时，面团的温度会很快与室温一致。因此，面团发酵的速度在很大程度上取决于环境温度。有很多方法可以为面团创造一个适合发酵的环境。如果厨房温度很低（低于15℃），你可以在制作面团时使用温度较高的水（如32℃），并在容器上盖一个木盖子或厚塑料盖子（导热性差）。你也可以将烤箱作为临时发酵箱，在烤箱里放一小锅开水，以提高烤箱的环境温度。另外，如果你的烤箱中有石板，你也可以将石板短暂加热（不要将盛面团的容器直接放在石板上）。当烤箱断电后，被加热的石板有助于保存烤箱内的温度。如果你想离开几小时，可以降低面团的温度，拉长基础发酵时间。第53页介绍了如何让面包制作过程适合环境和你的时间安排。

步骤5　按照我们的方法，你不需要在工作台上揉面。面包师常通过揉面来延展面团，但本书中是在基础发酵过程中对容器中的面团进行一系列折叠来使其中形成面筋网络。这样做比在工作台上揉面更干净，并且工作量更少。

Edlund
TARE
700
CAPACITY: 160oz./4536g
GRADUATION: 0.1oz./1g
MODE CAL.
ZERO
400
MODEL E160
ON TARE
OFF

Edlund
1900
MODEL E160
MODE CAL.
ON TARE
ZERO
OFF

折叠面团时，先将一只手在水中蘸湿，防止面团粘在手上。然后，抓住面团底部的一部分，向上拉，再塞入对侧的底部。重复这个动作 2 ~ 3 次，使整个面团得到均匀拉伸。完成以上动作算是一次折叠。

在基础发酵的最初 2 小时内，每 30 分钟折叠一次面团。在第 3 小时你要注意观察，这个时候面团会开始膨胀、变得柔软，内部充满空气。要更轻柔地折叠面团，避免挤压出面团中的气体。

在基础发酵期间形成的面筋网络有助于湿面团在烘焙后保持良好的形状。面包师需要留意面筋网络形成的标志，确定面团是否发酵好。在基础发酵的第 1 小时内，面团很紧实、很重。注意，在折叠后不久，面团的表面会变光

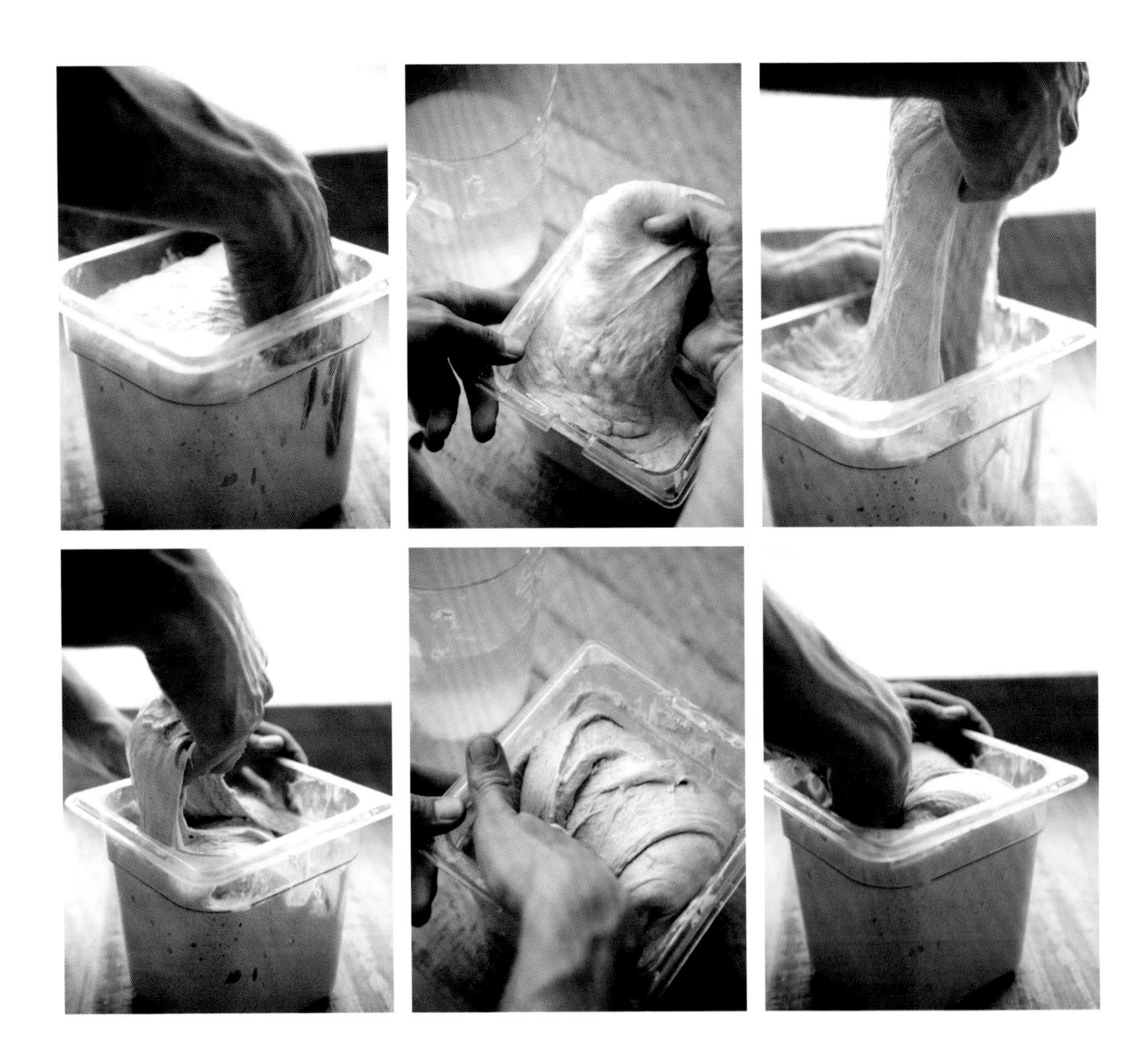

滑。在发酵 3 小时后，面团摸上去是轻盈柔软的。完成基础发酵的面团很光滑，所以当你折叠面团时，它很容易从容器表面脱离，折叠造成的隆起会保持几分钟。你会观察到面团体积增加了 20% ~ 30%，同时通过容器的侧面能够观察到面团内部有更多的气孔。这些迹象都表示面团的基础发酵已经完成，可以对面团进行分割和整形了。

如果面团发酵缓慢，可以延长发酵时间。你要随时观察面团，灵活调整。

步骤 6 借助面团刮板将面团从容器中取出，倒在未撒面粉的工作台上。轻轻在面团表面撒薄薄的一层面粉，然后用切面刀将面团平均切成两份（这个配方可以制作两个面包）。用切面刀将面团翻转，使撒有面粉的一面朝下。

将面团对折（此时需要尽量避免将面粉卷入面团），这样有面粉的那面就是面团的外侧，将成为面包表皮。可以在手上多撒一些面粉，以免面团粘在手上。

使用切面刀和一只手，将两个面团都整成圆形。当你旋转面团时，面团会微微粘在工作台上，这时面团的表面张力开始增加。整形完成之后，面团表面应该紧绷而光滑。尽可能用最少的动作来使面团表面紧绷，同时，处理面团时动作要利落而轻柔。如果面团表面出现裂纹，说明你在增加面团表面张力的过程中做过头了。不过，面团表面出现裂纹也不用担心，这只是表明

你应该停止整形，让面团松弛一下。

步骤 7 初步整形完成后，将两个面团在工作台上静置 20 ~ 30 分钟，这个阶段被称为松弛。不要将面团放在通风处，以免面团温度下降过快。通风处还可能导致面团表面变干燥，影响成品的质量。可以在面团表面撒些面粉，并用一块厨房毛巾盖住。

在松弛期间，面团会变软，形状好像厚厚的松饼。面团边缘应该是饱满而圆润的，而不是扁平和逐渐变薄的，也不是“流淌”的。如果面团边缘是扁平的，且摊开得过大，这表明面团发酵过程中没有形成足够的张力。为了解决这个问题，只需再次对面团进行整形，将面团放回容器再折叠一次。

步骤 8 最终整形时需轻轻在面团表面撒一些面粉。用切面刀将面团翻转，注意保持其形状，使撒有面粉的一面朝下，之前的底面朝上。

最终整形需要进行一系列的折叠，在这个过程中，要始终注意不要将面团内的气体按出。连续的折叠会使面团内部产生张力，在烘焙过程中保持形状并明显膨胀。面包师将这种明显的膨胀称为炉内膨胀。

一次只处理一个面团。先从面团靠近你的那侧开始操作，拉起 $\frac{1}{3}$ 的面团，叠到面团的中心。再将面团水平地向右拉，将右端叠到面团中心；水平地向左拉面团，将面团的左端叠到右端。这样，面团变得像一个信封。

将离你远的那侧的面团拉起 $\frac{1}{3}$，叠到离你近的这侧，覆盖住所有接缝，并用手指固定住。然后，拉住面团靠近你的这侧将面团对折，同时将整个面团滚向远离你的方向，使平滑的底部成为顶部。这样，所有接缝都在面团底部。

用双手拢住面团，向你这侧拉，将面团在工作台上滚圆。利用工作台表面的摩擦力，使面团表面拉伸，包住底部接缝。将整形完毕的面团静置一会儿。再用同样的方法处理另外一个面团。

步骤 9 先将等量的米粉和面粉倒入小碗中，混合均匀，再在两个发酵篮或中号碗中铺上干净的发酵布，然后将混合粉轻轻撒在发酵布上。薄薄的一层混合粉可以避免最终发酵过程中面团粘在发酵篮或碗中。用切面刀将面团从工作台上铲起，转移到发酵篮或碗中，使面团光滑的一面朝下，有接缝的一面朝上，面团接缝处位于容器中心。现在，面团将开始最终发酵，以备烘焙。

这个时候你有两个选择：将面团放在温暖的室内（室温 24 ~ 27℃）进

行最终发酵，3 ~ 4 小时后进行烘焙，面团在 2 小时后就可以产生较为柔和的风味了。如果你不想立即烘焙，可以将面团继续放在发酵篮或碗中，放到冰箱中延缓最终发酵过程，最长可延缓 12 小时。凉爽的环境会减缓最终发酵的速度，但不会使其停止。8 ~ 12 小时后，面团会产生复杂的风味和淡淡的酸味。

烘焙

步骤 1 在准备烘焙前约 20 分钟，将两口铸铁锅放入烤箱中。将烤箱预热至 260℃。如果整形完毕的面团放在冰箱里，可以先取出一个面团。等烘焙完第一个面团，清洁并重新预热铸铁锅和烤箱后，再取出另一个面团。

步骤 2 预热烤箱的同时，准备好所需的工具：隔热手套、米粉和一个双刃剃须刀片——用于烘焙前割包。烤好的面包的割口会翻开。直接手持刀片可能有些危险，你可以准备一根木棒来固定它。将木棒纵向劈开（如第 45 页图中所示），然后将刀片插在上面。

在将面团放入烤箱前，要使烤箱产生一些蒸汽以增加烤箱内的湿度。烘焙前 20 分钟烤箱的湿度对面团的膨胀至关重要，蒸汽可以延缓面团外壳的形成时间，有助于面团膨胀。我所追求的优质面包的特征：富有光泽、深褐色的酥脆外壳，完整翻开的割口，饱满的包体，都需要这种湿热的环境才能形成。

在家制作面包面临的挑战是，如何使设计时以排出湿气为目标的家用烤箱产生足够的蒸汽。我尝试了许多使传统家用烤箱产生蒸汽的方法，从放入湿毛巾到放入开水，但无论家用烤箱产生多少蒸汽，都无法形成足够的湿度，达到与专业面包烤箱类似的蒸汽效果。

可形成封闭空间的两口铸铁锅解决了这个问题。我惊喜地发现，铸铁锅与我多年来使用的燃木烤炉类似，能保存住在烘焙开始的最初几分钟内从面团中蒸发出的大量水汽。在家中使用铸铁锅有两个好处：具有封闭且潮湿的空间和强烈的热辐射。使用两口铸铁锅烘焙的效果与专业面包烤箱不相上下。

第 47 页的图片展示了我最喜欢的铸铁锅，其中一口是平底煎锅，另一口是深锅；每口锅都可以作为另一口的盖子。我喜欢在平底煎锅中烤面包，用深锅作为盖子。平底煎锅低矮的边缘使得烘焙前割包很方便，而作为盖子的深锅给面团提供了足够的向上膨胀的空间。只要能够达到密封效果，铸铁锅就可以

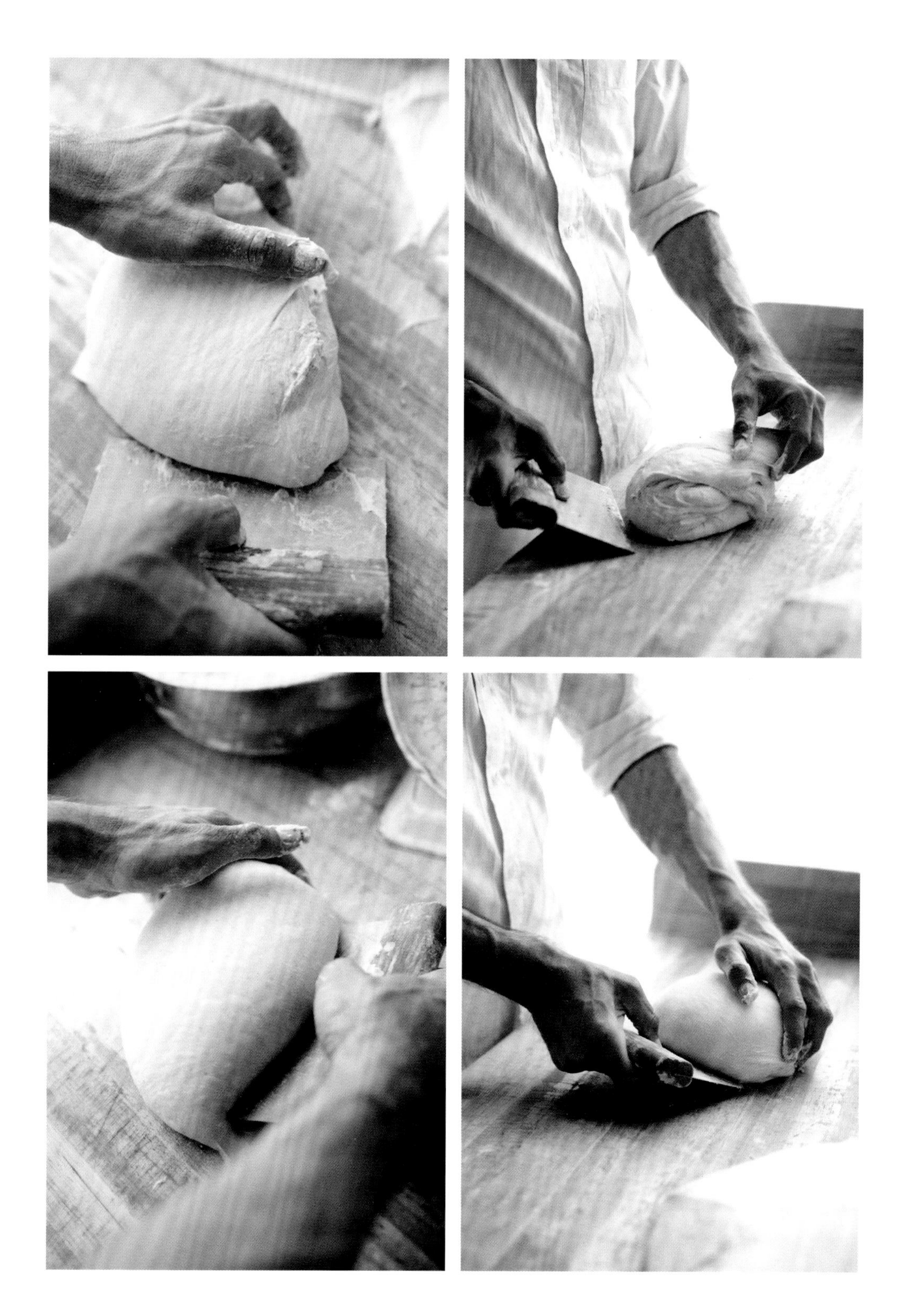

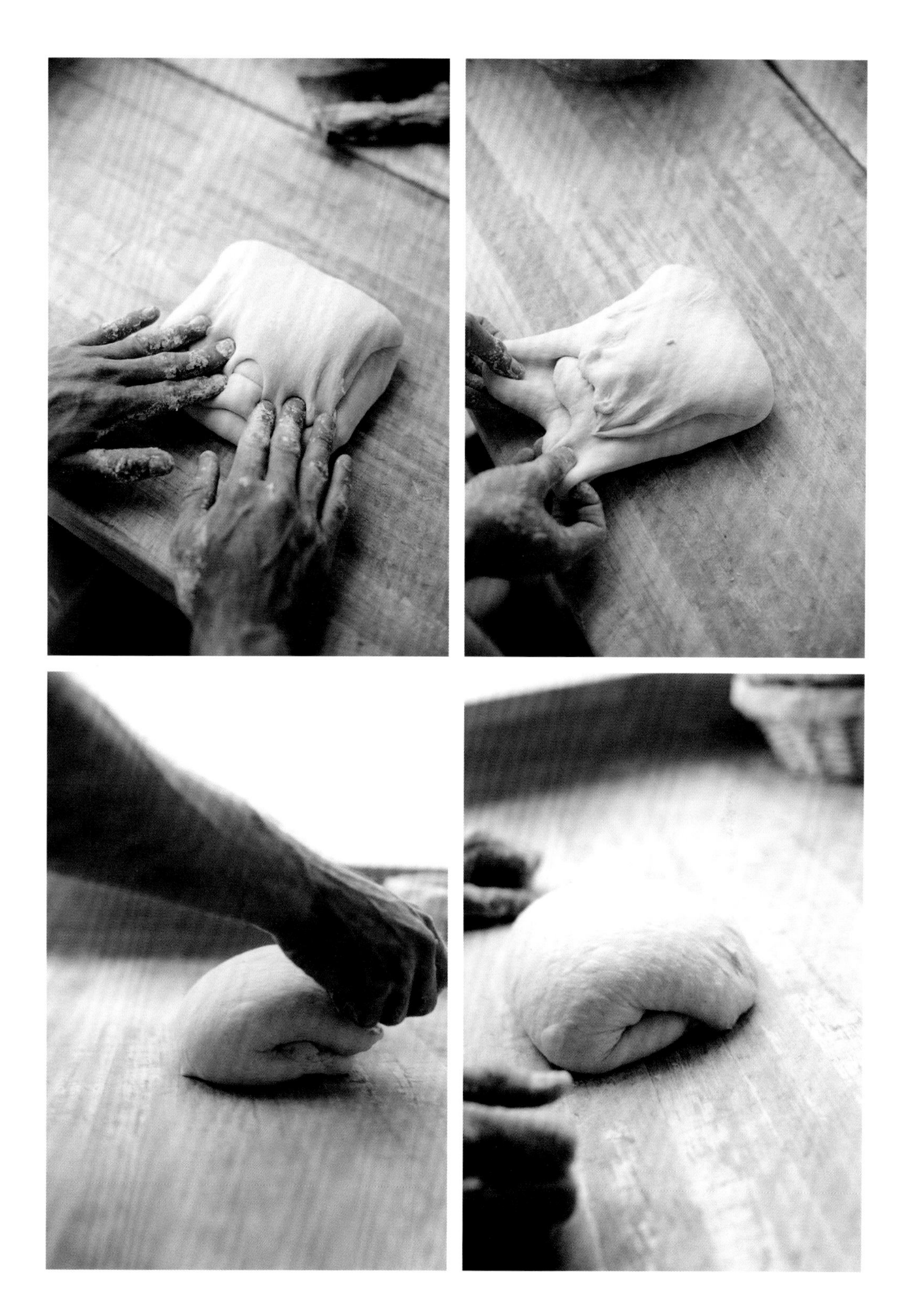

烤出完美的面包。

步骤 3 将米粉撒在面团表面。当烤箱达到 260℃时，戴上隔热手套，小心地将预热好的平底煎锅从烤箱中取出，放在隔热架上。将作为盖子使用的深锅留在烤箱里。拿取铸铁锅时请格外小心！锅的温度高达 260℃，如果没有手套保护，会造成严重的烫伤。小心地倒扣发酵篮或碗，将面团扣入热锅中。如果面团粘在发酵布上，下次放入面团前，可在发酵布上撒更多的混合粉。

步骤 4 将面团表面割开，这样做有助于面团在烤箱中充分膨胀。不割开的面团无法充分膨胀，并且两侧经常会裂开。割口的角度、数量和样式都会影响面团在烤箱中的膨胀效果以及面包最终的外观。经验丰富的面包师会使用各种技巧来获得他们想要的效果，割包方式也可以成为面包师的标志。割口还用来区分不同类型的面包和决定面包的最终效果。

用剃须刀片割开面团顶部。对于圆形面团，我建议你用 4 刀在其表面简单割出方形。如果你想要面包翻出明显的“耳朵”，请以非常小的角度（几

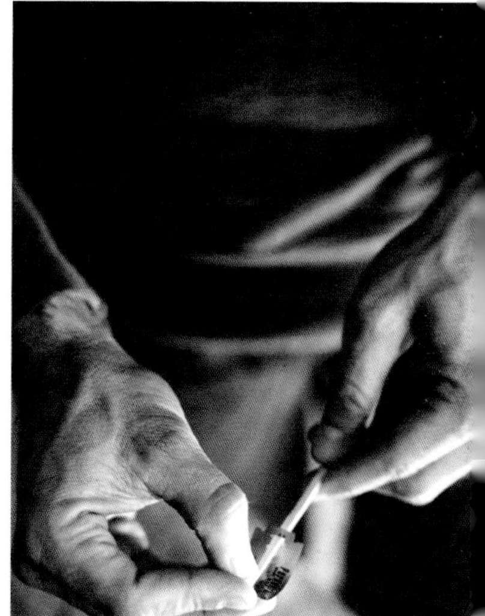

乎水平）割开面团。

如果你的面团放在深锅或传统的荷兰锅中，割包时要小心，不要被热锅边缘烫伤小臂。

步骤 5 将盛有面团的平底煎锅放回烤箱，并用深锅盖上。如果深锅太重，你也可以在步骤 3 中将深锅放在下面，用平底煎锅当盖子。如果这样做，请小心不要在割包时被热锅边缘烫伤。放入面团后，立即将烤箱温度降至 230℃。烘焙 20 分钟。

步骤 6 20 分钟后，戴上隔热手套，打开烤箱，小心地取下盖在上面的锅。锅中会释放出一团蒸汽。你会注意到面包表皮是苍白而有光泽的。这是面团经过充分蒸制的结果。继续烘焙 20 ~ 25 分钟，直至面包表皮呈深焦糖色。如果你想要面包表皮长时间保持酥脆，就继续高温烘焙，直到将面包烤成金棕色。

步骤 7 戴上隔热手套，将平底煎锅从烤箱中取出，并将面包转移到冷

却架上冷却。如果你没有冷却架，可以把面包侧着放，让面包底部的空气流通。面包拿在手里感觉很轻，这表明其中一部分水分已经被烤出来了。敲击面包底部时，面包会发出空洞的声音。

烘焙第二个面团时，先将烤箱温度升至260℃。戴上隔热手套，用干燥的厨房毛巾擦拭烤箱内部，将平底煎锅和深锅重新加热10分钟。按照步骤3 ~ 7烘焙第二个面团。烤好的面包在冷却时表皮会稍微收缩。你会听到微弱的噼啪声，这是面包在唱歌。

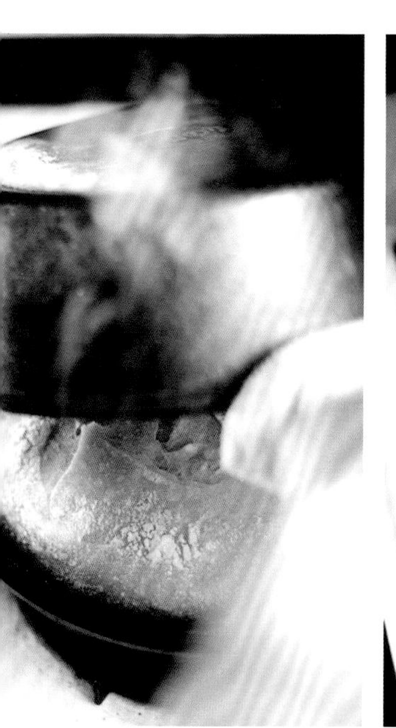

深入了解基础面包

基本原料

面包的三大基本原料是面粉、水和盐。这就是基础乡村面包配方中的原料。在这三种原料中，面粉是决定面包成品特点的最重要的因素。面包的风味由面粉以及发酵和烘焙过程共同决定。全麦粉或黑麦粉制作的面团比精制白面粉制作的面团的发酵过程更活跃。

面粉的新鲜度对面包的风味有很大影响。对我们这些不亲手磨面粉的人来说，“新鲜”面粉指刚磨一两个星期的面粉。我喜欢用当地有机小麦现磨的面粉。新磨的面粉放凉后就可以直接用来做面包，这样的面粉制作的面团的发酵过程明显更活跃。

大多数标有“多用途”的小麦粉都可以用来做面包。在塔汀面包房，我们用三种面粉样品进行了一系列的烘焙测试。第一种是在街角超市买的连锁品牌的漂白中筋面粉；这袋面粉藏在货架上，看起来好像放了好几个月了。第二种是在一家天然食品商店购买的有机高筋面粉，这种面粉口碑一直不错。第三种是我们面包房的混合面粉，由一起合作了 15 年的磨坊磨制。

令我们惊讶的是，从外观上看，这些面包几乎无法区分。我们进行了一次盲测，马上就挑出了我们自己的面粉制作的面包。它的味道绝对与众不同。

用从超市买的面粉制作的面包有一些让人不喜欢的味道，这些味道与发酵无关，可能是因为面粉在磨的过程中或放在货架上时吸收了一些气味。用有机面粉做的面包很可口，但面包心的口感比我喜欢的要硬。通过不断的摸索，我调配出一种混合小麦面粉，用这种混合面粉制作的面包会有我想要的那种柔软的口感。

自从我开始烘焙以来，合作的磨坊主总是想给我看关于他们面粉的实验室数据。虽然了解这些数据可以量化你的偏好，但用面粉制作面包，并品尝成品，了解它是否适合你的口味，这个过程是无可替代的。数据并不总能帮助你做出你期望的面包，按数据烘焙更符合工业化烘焙的风格。

任何饮用水都可以用来制作面包。（水最重要的因素是温度，因为它是调整面团基础温度最直接的方式。）

在塔汀面包房，我们用的盐是海盐。你可以用任何盐，只要它是可食用的。如果使用粗海盐，如法国盖朗德的粗盐，要在步骤 3 制作面团时加入（见第 28 页），因为它需要一些时间来溶解。精制盐应在面团静置后加入，见步骤 4。

酵头

面包师的核心技能在于掌控发酵过程。这是制作面包的灵魂。

酵头是面粉和水混合后经过发酵形成的混合物。这种发酵是自然发生的。经过定期、连续的喂养，那些产生乳酸和乙酸的细菌与野生酵母菌在环境中共生，并肩推动发酵过程。世界各地培养的酵头都很相似，很多优势菌种是相同的酵母菌和细菌。

在我的方法中，关于酵头与天然酵种有两件重要的事需要说明。

一、必须使用成熟的酵头来制作天然酵种。酵头要有浓烈的成熟气味和适度的酸性。

二、用来制作面团的天然酵种必须“年轻”、有甜味——在它开始散发出任何酵头的气味之前使用。

2008 年，我在法国见到了丹尼尔·科林和帕特里克·勒波尔，我们已经 15 年没见了。然而，我们的话题几乎立即转向面包，以及我们各自使用的酵头有多复杂。我给他们看了我制作的面包的照片，他们则问了我在塔汀面包房的喂养时间表和烘焙百分比。

当我描述“年轻”、有甜味的液体天然酵种时，帕特里克笑着打开小型冷库，拿出一个小白桶给我看。他说，他已经试验了一段时间，但还不能用这种酵头将面团发酵到他喜欢的程度。令人难以置信的是，这正是我从雷伊斯角开始，多年来一直在使用的酵头，现在旧金山的面包师使用的也是这种酵头。这两种酵头一定含有相同的微生物群，因为它们的香气和味道完全相同。事实上，在讨论了我们的喂养方法之后，我发现我们的喂养时间安排是一样的。

野生酵母菌存在于谷物上、面包师的手上，以及空气中（含量较少）。需要喂养的细菌是活的微生物，它们食用单糖，并将乳酸和乙酸作为废物代谢出。野生酵母菌则食用不同的糖，并在发酵过程中产生二氧化碳。酵头中产生的乳酸和乙酸的比例受环境温度、原有酵头的保留比例和喂养频率的影响。在温度稳定的环境中（最好是 18 ~ 24℃），用定量的混合面粉定期喂养酵头，可以把酵头培养成预想中的、活跃的天然酵种。

储存在较高温度下（非冷藏）和质地接近液体的酵头有利于产生乳酸而非乙酸。面团中酸的总体含量或酸的浓度，决定了面包最终的酸味浓淡。当用已经酸化的酵头制作天然酵种时，酸就开始积累。在塔汀面包房，我们会通过喂养和发酵来控制这两种酸的产生——促进味道温和的乳酸产生，抑制味道浓烈的乙酸产生。我们总是在适宜的室温下，喂养少量原有酵头（减少酸的转移），并且喂养得比较频繁——根据季节的不同，甚至会每天喂养几次。

如果面团中使用的天然酵种比较多，或者面团发酵时间过长，面包就会很酸。

将酵头经常或连续几周储存在冰箱冷藏室里，使细菌和酵母菌在较低的温度下繁殖，有利于乙酸的产生。如果想使其恢复有较淡酸味的平衡状态，从冰箱中取出酵头后，应丢弃大部分，保留大约 20%，再次喂养以制作新的酵头。在丢弃了大约 80% 的冷藏酵头后，按照第 24 页步骤 3 的说明，加入等量的水和 1：1 的混合面粉。

酵头的作用是形成筋度和酸度。在随后制作天然酵种的过程中，筋度（而非酸度）会被转移到更大体积的面团中。成熟的酸性酵头有利于生成面筋，增强面团的结构，但因酵头添加得很少，不会给面团带来明显的酸味。

天然酵种

新鲜柔和，奶油般的质地，散发着花香味和奶香味——这些都是天然酵种的特质，它们也会被带入面团。

天然酵种是由酵头制成的。天然酵种的特性会被转移到面团中，并最终转移到面包中。天然酵种被用来“接种”大面团，最终会将整个面团转化为更大的酵种。如果让面团发酵很长时间，面团将再次成为酵头，完成这一循环。

天然酵种和面团的气味是帮助你了解发酵阶段的重要指标，通过它们你就能直观地知道面团中正在发生什么，无须考虑温度和时间的影响。你可以从关注时间和温度开始，但了解了不同发酵阶段和面团的气味，将使你能够复制成功的烘焙经验，并有技巧地控制整个过程。

在制作面团时，如果天然酵种过于成熟，有醋酸味，那么面团的酸味就会盖过其他风味。你仍然可以用这个面团做面包，但面包品质会受到影响。你可以通过减少面团中的天然酵种来解决这个问题。

可以丢弃一半过度成熟的酵种，并用等量的 1∶1 混合面粉和水来喂养。天然酵种产生香甜的气味，并通过漂浮测试（见第 27 页步骤 1），就可以使用了——需要在 24 ～ 27℃的室温下，静置大约 2 小时。天然酵种的成熟速度不同（取决于它所在环境的温度），理想情况下，在发酵好的一两小时内使用。即便是“年轻”的天然酵种也有很大的时间窗口。

如果在较冷的环境下无法控制温度，可以用温暖的水来喂养酵种，并提高酵种的“接种”比例，同时每天少喂养一次。在温暖的环境里，则降低酵种的“接种”比例，并每天多喂养一次。在极其炎热的情况下，可以冷藏天然酵种以使其保持合适的温度，或用冷水喂养。

随着经验的积累，你会对喂养的节奏拥有敏锐的直觉。

水合

刚制作好的面团要静置一段时间。这一过程被令人尊敬的法国面包专家、教授雷蒙德·卡尔维尔命名为水合，现在这一做法在烘焙行业被广泛采用。

在面团处于静置状态时，面筋会膨胀并形成链状，成为能保持面团中气体的结构。水合提高了混合（或折叠）的效率，同时缩短了形成面筋所需的操作时间。卡尔维尔让面团水合过程取代一些操作步骤，借此证实这种方法的有效性。如果你赶时间，即使只将面团静置 15 分钟也比不静置好，这还能提升即将进行的折叠的效果。

卡尔维尔对水合现象进行了量化，并探讨了在这段时间内产生的其他益处，如调节蛋白酶。这是面粉中的一种酶，在水合作用下被激活，能增加面筋的延展性，使面团在拉伸时不会回缩或产生阻力。延展性是面团的一个重要性质，对于让面包膨胀到令人满意的体积至关重要。

基础发酵

面团的第一次发酵被称为基础发酵。这是面团形成筋度、风味和结构的时候。法国人称这一阶段为 *Lepointage*（最佳发酵点确认阶段），这强调了在这个阶段判断面团状态的重要性。

面粉主要由淀粉和蛋白质组成，在水合后其中的淀粉颗粒和蛋白质吸收水分并膨胀。蛋白质会形成相连的链，构成面团的结构，这种结构是在基础发酵过程中通过拉伸和折叠面团来形成的。由此产生的微小孔洞构成了面包组织的基础结构。这些孔洞在发酵过程中充满了气体，并在烘焙过程中膨胀，从而形成了有开放孔洞的面包心。本书中低酸、高水化度的面团需要长时间的发酵，在此期间，面团的结构是通过在容器中折叠而形成的。每折叠一次，面团的筋度就会大幅增加。在基础发酵初期折叠应该有力，而在结束阶段则要轻柔，以便保持住面团中产生的气体。

如果基础乡村面包面团的温度保持在 25 ~ 28℃，那么基础发酵只需 3 ~ 4 小时。你可以根据需要调整时间。例如，如果环境温度是 18 ~ 21℃，面团因此温度较低，那么基础发酵的时间就会延长几小时。一旦你知道温度对发酵时间会产生什么影响，你就可以充分利用这些经验。在我独自制作面包的日子里，我通过使用较低温度的水来制作面团，使面团温度降低大约 0.5℃；这种方法会随着环境和面粉的温度而有所调整。这样做能使发酵时间增加 1.5 小时，我可以在对第二天要用的面团进行分割和整形之前，完成烘焙、整理订单、清洗发酵篮和发酵布等工作。

制作天然酵种面包不必那么刻板，很多环节可以灵活变通。你可能会一直使用处于相同成熟阶段的天然酵种，但可以大幅延长发酵时间，甚至整个过程可以延长到两天。有很多方法都可以达到这个效果。一个方法是在白天进行基础发酵，并利用一整夜完成最终发酵。另一个方法是利用一整夜完成基础发酵，在白天完成最终发酵，这样你就可以下午烘焙，在晚餐时食用面包。

如果面团是用较凉（18℃）的水来制作的，那么它的基础发酵需要 8 ~ 12 小时，而不是 3 ~ 4 小时，只要面团温度保持在 13 ~ 18℃即可。你可以在晚上睡觉前制作好这种凉面团，关键是要安排好制作面团的时间，既方便又不影响休息。

可以通过用温一点儿的水制作面团来减少发酵时间，但减少的时间不要超过一小时。

如果基础发酵时间过长，最终发酵的效果就会不好，因为发酵时细菌所需的食物已经耗尽。面团中的面筋也会因为酸度增加而溶解，导致面包心更紧密、更均匀。最终，面包体积会变小，口感变酸。烘焙时，面团表面的糖分会因为过快的焦糖化而使面包颜色更深，表面的割口也不能很好地翻开，无法形成装饰性的外皮。而如果发酵时间太短，面团则不能充分地充气，整好形的面团会因为筋度不够而在台面上摊开。这样，烘焙出的面包颜色比较暗淡，割口也不能很好地翻开——甚至根本不会翻开。

如果发酵时间刚刚好，那么经过分割和整形的面团就会形成自己的结构，烘焙时割口就会优雅地翻开。这既是面包内部力量的表现，也是面包师手艺的体现。

松弛和整形

当你把面团分成两块进行整形时，你可以感受一下第一块的手感，然后决定如何继续下面的操作。“我应该通过长时间松弛来提高面团筋度，还是应该通过两次整形来提高面团的张力？”你可以通过改变松弛的时间来立即做出调整，以得到你想要的结果。如果你分割面团后，面团温度降得太快，或者看起来很沉重、没有充分充气，那么就把房间温度调高一些，并在整形前让面团松弛更长时间。一般来说，如果面团分割得太早，你需要使面团松弛更长时间，甚至可能需要再整形一次，并在两次整形之间静置 15 分钟。慢慢来，这会让面包变得更好。

有一天晚上，在基础乡村面包面团进行了长时间的基础发酵后，我分割了它。但我发现我分割早了。因为海洋带来的水汽突然大量涌入我们街区，面包房的门窗都开着，室温在 10 分钟内下降了 10℃，发酵几乎停止了。这一切让我措手不及。为了解决这个问题，我不得不将面团松弛了很长时间。于是我停下来，去隔壁的餐厅饱餐一顿，然后才回来整形。通过延长松弛时间，我最终还是得到了好吃且漂亮的面包。

如果你分割面团的时间太晚，你就需要快速而轻柔地整形，尽可能避免面团内的气体逸出。在这种情况下，你需要调整烘焙计划，尽早烘焙。

面团的初步整形决定了面包最终的结构。对于高水化度的面团，最终的整形至关重要，这能使面团产生保持形状所需的张力或筋度，帮助面团度过长时间的最终发酵阶段。适当的最终整形，对于面包割口扩张，翻开成弧形的“耳朵”，形成漂亮的外壳，是不可或缺的。

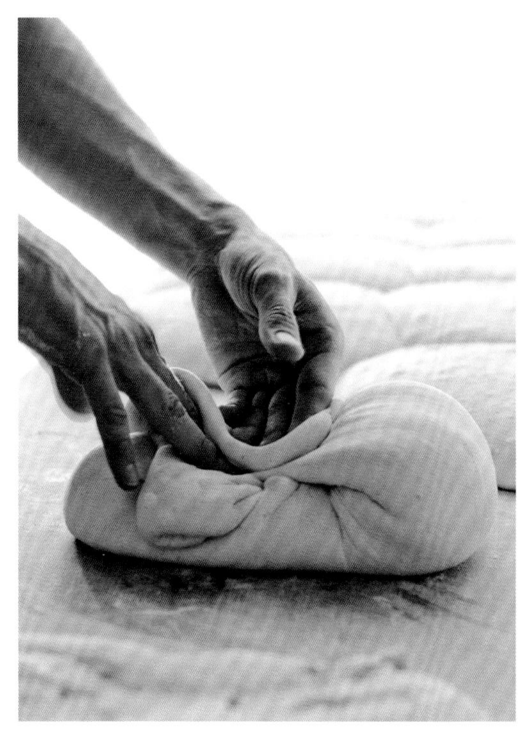

整形之后，外表好看和不好看的面团的总体积可能是一样的，但是在烘焙后，后者的割口不会像前者的割口那样能完美地翻开。结构性整形看似简单，但需要练习才能掌握，有了这项技能，你就可以随心所欲地制作任何你想要的面包。

我们通过一系列折叠来使面团获得所需的张力，每一次折叠都在增强面团的内部结构。常见的做法是把面团中的气体挤出，并把面团卷紧。但这样会使珍贵的气体，也就是在长时间发酵过程中形成的重要风味成分，从面团中逸出，并使面包心变得扎实。一旦你掌握了结构性整形的窍门，就会大有收获。

最终发酵

最终发酵时间同样是可以灵活调整的。在温暖的环境中（约 27℃）发酵 3 ~ 4 小时，面团就可以烘焙了。如果不延缓最终发酵时间，面包几乎尝不出酸味，小麦的风味会更突出。而你仍然可以享受到天然酵种带来的好处：

你的面包可以更长时间保持新鲜，同时拥有更多的风味。

通过降低面团温度，如把面团放在冰箱里可以延长最终发酵时间，这样你能掌控两个关键点：烘焙面包的时间和面包风味的浓郁程度。在长时间的最终发酵过程中，面包从发酵过程中获得的风味会达到最佳，然后会变得越来越酸。

所以，你有很大的发挥空间。你可以做出口感柔和、几乎不会被认为是来自天然酵种的面包，或者你可以根据自己的喜好，做出酸味更浓的面包。

烘焙

这是制作面包的最后一步。在做理查德·波顿的学徒期间，我开始使用燃气烤箱。这种情况持续了好几年，我去法国后才开始使用间接加热的燃木烤炉。当我终于开了自己的第一家面包房时，我选择了一座直接加热的燃木砖石烤炉。我想要学习最原始的面包烘焙方法，它就是最好的选择。我连一台和面机都买不起，更不用说一台专业的层炉了。

在直接加热的燃木烤炉（黑炉）中，火直接生在圆顶烤炉内，也就是要烘焙面包的地方，要烧几小时才能使砖块变热，每隔一段时间就要补充木柴。火在石板上燃烧，使得炉内所有部分都被均匀加热。间接加热的燃木烤炉（白炉）有一间在烤炉外面的燃烧室，在那里点燃木柴，火焰会被引入烤炉内。黑炉内部会因为木柴燃烧的烟雾和灰尘而变黑，但内部变得足够热时，又会被烧得干干净净。白炉有通风口来排出烟雾和灰尘，所以烤炉内不会变黑。

在塔汀面包房，我们会在开始烘焙时设定一个很高的温度，之后关闭烤箱。这样做是想用现代的烤箱来模拟我用过的燃木烤炉。大型的燃木砖石烤炉可以通过直接加热来储存热量。当直接热源被移除后，这些储存在炉内的热量会随着温度的下降持续散发出来，用于烘焙面包。热辐射和热传导相结合，形成了既均匀又深入的加热效果，这种方式非常适合烘焙高水化度的面团。

我们在雷伊斯角开面包房时，曾求助艾伦·斯科特，他是美国最著名的燃木砖石烤炉的建造者。他设计的砖石烤炉最突出的特点是，烤炉可以完全封闭。当烤炉里装满了面团，前面的小门关上后，烤炉就是完全封闭的了。随着面团在充满蒸汽的烤炉里开始烘焙，发酵活动迅速而显著地增强。这种快速产生气体的情况，以及迅速增加的蒸汽推挤面筋结构，形成了炉内膨胀，即面团在烘焙初期体积明显增大。潮湿的烘焙环境使得面团在表皮形成之前有更多的膨胀空间，从而使面包的体积更大，面包心更松软多孔。在烘焙过程中，面团表面的淀粉变得湿润并糊化，使得表皮产生光泽。你也可以使用两口铸铁锅一次烘焙一个面团，在家里烘焙出同样好吃的面包。

昂贵的现代层炉具有蒸汽喷射器，能在面团放入前和烘焙过程中增加烤箱内的湿度。（蒸汽喷射器是必不可少的，因为在放入面团之前，层炉需要大量蒸汽，以增加其内部的湿度。在面团烘焙之前的 10 ~ 15 分钟，层炉内都应充满蒸汽，之后面团就会自己产生蒸汽。）

铸铁锅可以形成一个完全封闭的热辐射环境，让你得到和使用专业层炉一样的效果。面团本身会产生适量蒸汽，你在烘焙的最后阶段可以取下上面的锅，使面包表皮形成。与在家用烤箱中放置一块烘焙石板来烘焙面包相比，使用铸铁锅能达到更好的炉内膨胀、翻出“耳朵”的效果。在我们使用烘焙石板的测试中，当烤箱关上门、内部完全充满蒸汽时，我们看到蒸汽从烤箱

门的缝隙中不断涌出。在标准的家用烤箱中，不可能复制出与专业层炉一样的环境，除非在烤箱中再打造一个密闭的空间，而铸铁锅就有这个作用。

一旦面团完成了炉内膨胀，你就可以打开锅盖来排出蒸汽，使面包表皮形成，并逐渐、彻底地变为焦糖色。面包表皮颜色完美、底部被敲击能发出空洞的声音时，就说明面包做好了。面包心的温度大约为 100℃。面包拿在手上如果有一种轻盈感，那就表明水分已经从面团中蒸发出来了。

缓慢冷却的面包保持新鲜的时间会更长。把面包放在冷却架上，让它们冷却 2 ～ 4 小时。不过，这一步也不是必需的。把刚出炉的热面包递给一个爱吃面包的人是一件很愉快的事情。我更喜欢吃刚出炉的新鲜面包。对于隔夜面包，我会用橄榄油或黄油在锅里煎一下，然后再烤一下，或者按第四章里的一些配方用它来做菜。无论如何，面包总会被吃掉。切一片刚出炉还温热的面包，把它放在锅里煎一下，你就会得到一种精致的美味——外皮酥脆，内部像奶油一样软。

《无所不吃的人》一书的作者杰弗里·斯坦加滕曾经问我：“如果一种好吃的面包只有你和你的朋友能吃到，那么制作它有什么意义呢？”当你烘焙出你的第一个面包时，你就会找到答案。

面包配方测试

教一个学徒学会烘焙面包是一回事，通过文字教别人做面包则是另外一回事。我知道对于本书最重要的是基础乡村面包配方是否有用，所以我和埃里克请人帮我们在家测试这个配方。埃里克建了一个加密的博客，并发布了我计划出版的书中的照片和文字。

我们招募了 12 名测试者，为他们各提供了两口铸铁锅，并在博客上发布了第一个配方的步骤和照片。最初我写了非常简单的步骤，希望测试者能仔细观察照片中的细节，利用自己的经验来学习。很快，我们收到了测试者的照片、文字记录和疑问。许多人热情地投入其中，在博客上展开了热烈的讨论。

很明显，在基础配方上我还有很多地方需要修正，但我从来没有期待能获得如此令人满意的成果。许多测试者做出了出色的面包，按照专业标准来判断——它与我们店里的面包几乎不相上下。没人能想到，他们在毫无经验、没有专业设备的情况下，在家中做出了这些面包。这些测试者不仅投入了大量精力，同时对于培养天然酵种，做出好吃的面包也有真正的兴趣。

有些测试者开始修改配方以适应他们自己的时间安排。我和埃里克，以及塔汀面包房的首席面包师纳特·杨科，还有新员工洛里·大山田一边忙着为店里烘焙面包，一边继续测试书中的其他配方。我们忙到没有时间好好维护博客，测试者就开始变得“不受控制”了。几个月后，我们与他们沟通近况时，发现他们开始做自己的面包，并取得了令人高兴的成果。

当我们向朋友们说明这本书的写作计划时，最能引起大家共鸣的是测试者的经历：完全没有烘焙经验的新手做出了比大多数商业面包房更好的面包；原本要放弃的厨师和家庭面包师得到了他们期望的成果；初次开餐馆的老板决定自己做面包，而不是从外面买。

我们的测试者证明，无论你有多少时间或经验，做出好吃的面包是可能的。因为他们的不断创新，我们都成了更好的面包师。

玛丽

每隔一个星期五，我们都能在塔汀面包房欣赏到一位优秀的手风琴演奏家玛丽演奏的三重奏。玛丽有着温暖的笑容和吸引人的个性，当我们告诉她我们想测试配方时，她主动报名成为一名测试者。她是一名在读研究生，也是一名职业音乐家，但从来没有烘焙过面包。

玛丽马上开始了她的面包冒险之旅，并在博客上分享了她的经历。她描述她培育天然酵种的经历，就像她认识一个新朋友的过程一样。她承认一开始处境很尴尬。她带着天然酵种去布鲁克林演出一周，回到西海岸后的第二天就烤出了她的第一个面包。

她还想出了一个简单而有效的烘焙辅助工具——记录卡，卡上有 5 列：烘焙阶段；计划开始的时间；每个阶段所需的时间（基于基础配方）；实际完成的时间；每个阶段的室温和烤箱温度。这种记录卡非常实用，她每次烘焙都会用到它。她能够提前制订烘焙计划，并根据需要决定是早上还是下午开始制作面团。一旦她用记录卡确定了烘焙各个阶段及其大致所需的时间，她就可以将烘焙面包更好地融入自己的日常安排。“这种记录卡让我能完成其他一些事，比如去跑步和修改论文——开始烤面包后，我过得比之前充实得多。”

当我们去她家拜访她的时候，玛丽已经烤过 8 次面包。她烤出来的面包很完美，但她注意到她烘焙的实际用的时间和估计的时间已经不再匹配。幸

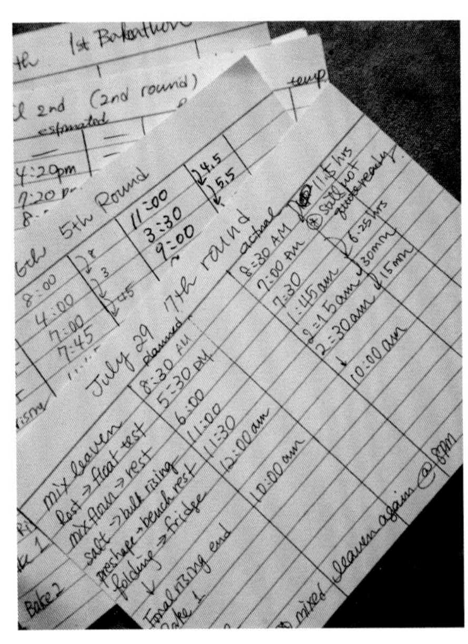

运的是，她保存了所有的记录卡，上面有每次烘焙的详细记录。回顾这些记录卡，我们注意到了她一个明显的进步。一开始，她非常严格地控制室温，整个过程所用的时间都非常接近预估用时。在第四次烘焙之后，她的室温有所波动（这在湾区是正常的现象），实际的烘焙时间比预估的晚了几小时。

我们并不认为这是一个失误，这恰恰说明她在逐渐具备真正的面包师的直觉。她不是按照数字来烘焙，而是根据面团的状态做出调整。前几次烘焙经验教会了她要注意什么。然后，当较低的室温影响了天然酵种的温度和发酵过程时，她延长了发酵时间，而不是急于赶进度。

虽然玛丽现在出门旅行时不再带着酵种，但她还在继续烘焙面包。她还在使用她的记录卡,但加入了一个额外的控制因素: 她控制发酵过程中的室温，根据当天的日程安排来缩短或延长发酵时间。她喜欢分享她的面包，但她最期待的，是听到热面包在逐渐冷却时，发出微弱的咔咔声——“面包之歌”。

马克

如果玛丽证明了这套方法对完全没有经验的人很有效,那么马克就证明了，这套方法对有经验的面包师更有帮助。马克 20 多岁时曾在一家面包房工作，之后他阅读了大量关于烘焙的图书。他是一个一丝不苟、谦虚低调的理工男，有着独特的幽默感。他追问我们细节，来加强他已经很强的直觉。我们给他寄了两口铸铁锅，并强调让他按照图片里看到的那样做。

马克已经在家烤面包很多年了——有一段时间他还沉迷于做甜甜圈。我告诉他可以在家里做出和塔汀面包房里一样的面包，他表示怀疑。后来，他做的面包令人惊艳，我们的基础乡村面包配方帮他解决了更多的问题。

我们去了他在塞瓦斯托波尔的家里和他一起烘焙面包。他很注重细节，完全遵循我们的配方。他用烤箱作为发酵箱来控制面团发酵过程中的环境温度（见第 29 页）。他没有放一锅热水在烤箱里，而是每半小时开启烤箱几分钟来加热烘焙石板。他用一半面团做比萨，一半做面包，在同一天烘焙。

“我简直不敢相信，我能在家里做出这样的面包。一口咬下去，我就感觉到这就是真正的面包。我一直觉得要用正宗面包烤炉才能制作出具有这种口感和酥脆外壳的面包，用传统的家庭烤箱很难做出高品质的面包，而且我也接受了这个事实。

“你的配方帮助我更好地了解和控制我的天然酵种。因为天然酵种是面包的心脏、灵魂和生命，相较于培养活力十足的面团，其他操作都是锦上添花。虽然我以前也读到过用铸铁锅的方法，但是用你们的配方做出的面包，比我以前用任何配方做出来的都要好。魔法显然在于配方。”

说完这些，他的话题又转到了甜甜圈上。

戴夫

我们在海边认识了戴夫——一名喜欢冲浪的艺术家，他多年来靠当酒保维持生活。几个月前，他和他的妻子准备在我家附近的海滩开一家小餐吧。后来，他租了一座废弃的、几乎没有设备的、可用于开餐吧的房子。戴夫把他所有的积蓄都投入到餐吧里，并雇了一些员工。但他没有积蓄，只能靠餐吧每天的收入来支付员工工资。

餐吧的大部分装修工作是戴夫一手包办的。他刚刚用北加州的漂木做了一幅美丽的马赛克画。这个月早些时候，他还学会了木材加工，以便用回收的、磨损的红木栅栏来装饰墙面。尽管他凡事喜欢自己动手，但他也知道自己在厨房里能力有限。他无法成为自己餐吧的厨师，不过他仍然想参与食物制作。他向我提出自己做面包的想法。

当时，我觉得这对他来说是一个很大的挑战，因为他们的宝宝预计在餐吧开业前后出生。但我清楚他的动机，于是教给他一个简单的制作面包的方法，让他能够用很少的时间和经验就做出好吃的面包。

我给他带了 2000 克面粉，并向他讲解如何制作酵头。我让他去看我的测试博客，并告诉他有任何问题可以给我打电话。几个月过去了，他没有任何消息。突然有一天，我在面包房接到了他的电话：“我们的餐吧已经开业三个月了，人们爱极了我做的面包。你们什么时候过来？”

我再次见到戴夫时，他有了一个女儿；餐吧里顾客坐得满满当当，外面还有一群人在等位；每张桌子上都有他制作的面包。他制作的面包看起来像漂木，让我想起了多年前在波尔多品尝过的那位“了不起的面包师”制作的乡村面包，里面的面包心松软且湿润。它有着只有用“年轻”的天然酵种经过长时间发酵才能得到的绝妙酸度。虽然他的面包具有我们追求的许多特征，但又是一种独特的面包，与他小巧的餐吧的美学风格相得益彰。

埃里克那天晚上留下来观看戴夫烘焙面包。在之前的几个月里，他的方法其实已经完全不同于我最初教他的方法。但他并不是故意这样做的，他真的以为他的方法和我教他的差不多——他承认他只看过一次配方。

我们了解到，他的时间和设备的限制使他必须采用一种完全不同的制作方法。他没有大型烤炉（别想着烤任意形状的面包了），没有大型冰箱（别想着低温延缓发酵了），甚至没有和面机。他所拥有的是晚餐营业结束后空闲的几小时和一台六眼灶台下、门已经坏掉的烤箱，而他每天需要用这台烤箱烘焙 40 个面包。

一开始，戴夫欠缺专业知识，无法制订合理的烘焙计划，但他找到了适合他的方法。他在下午 5 点左右制作天然酵种。几小时后，当晚餐营业快要结束时，他再制作面团，每隔 15 分钟折叠一次，以使水化度为 78% 的面团中形成足够的面筋网络。面团的基础发酵时间只有一小时，然后他就开始分割面团并整形。利用面团在台面松弛的 30 分钟，他洗碗搞卫生，之后给面团

整形，把它们放在刷了橄榄油的金属面包模具里，再用刀片割包。“什么？你们真的是把面团放进烤箱之前才割包吗？”——他把它们放在一边进行隔夜最终发酵。第二天早上 7 点，面包出炉，通常就在他快速冲个浪前后。

如果他之前问我，我会告诉他一个不同的流程。但结果证明，戴夫的面包非常棒，而且与他的条件完美融合。为什么这个做法可行呢？

戴夫不能烘焙任意形状的面包，因为他没有足够大的烤箱，所以他用了模具。这是一个幸运的巧合，因为模具是他发酵成功的关键。晚餐营业结束他才能做面包，所以他的面团只进行了一小时的基础发酵。他分割面团和整形时，还感觉面团没有生命力。这对制作一个任意形状的面包来说是灾难性的，因为面团依赖于发酵期间形成的面筋网络来保持其在长时间最终发酵过程中的形状。

但戴夫不用担心面筋网络，因为模具在整个烘焙过程中支撑着面团。他没有时间使面团进行长时间基础发酵（就像现在一样，他大约在午夜完成整形），所以通过面团在室温（大约 18℃）下、模具里的长时间最终发酵来弥补。如果他有时间按照基本乡村面包的配方给面团一个“合适”的发酵时间，那么他的面团需要在半夜开始烘焙。他需要给面团降温以延缓发酵，但他小餐吧的冰箱没有足够的空间来放面团。

就像现在一样，戴夫能够把操作时间压缩到一个小小的时间窗口里，通过长时间的隔夜最终发酵使面团完成剩下的工作，这样他的面包就可以在第二天早上出炉了。他的面包能在餐厅的室温下进行隔夜最终发酵，使用“年轻”的酵种是关键。否则，他的面包会非常酸和密实。

戴夫做的面包在社区里口口相传。他用幽默的口吻向我描述他与兴奋的顾客的对话——顾客问他做面包做了多久了。“我想告诉他们，其实我真的不知道自己在做什么。”

戴夫对他的餐吧有着宏伟的规划，面包虽然只占其中的一小部分，却是必不可少的。尽管每天要工作 15 小时，但他对目前的状况很满意。“这是我第一次不用使自己妥协来做一件事，我做着完全符合我的理想的工作。这家餐吧让我感到骄傲。”他看着他的妻子和年幼的女儿说道，“不过，不仅仅是理想，成功的原因是经营这家餐吧符合我的个性。它位于我们的社区中，都是熟悉的客人。餐吧、面包……它们只是我们自我的延伸，也是我们想成为什么样的人的真实写照。”

由于空闲时间很少，他必须优先考虑他最想做的事情。“我能在每天海浪好的时候去冲浪，能和家人共度美好时光，能和朋友们一起工作，我觉得我的梦想实现了。”

基础乡村面包的衍生版本

我一个人工作了 10 年，每天劈柴，点燃烤炉，用手混合水和面粉。我很早就明白了，因为面包房只有我一个人，我不可能同时制作多个面团，这导致每个面团都以不同的速度发酵。如果我想使面包保持一致的高品质，我就必须简化流程。所以，我每天只制作一个大面团，再加入不同的原料，制作出不同的面包，让顾客们有多种选择。

店里的所有面包都是用基础乡村面包面团制作的。面团中添加原料的步骤都是一样的——在基础发酵期间，通常在第一次折叠之后。如果你觉得面团像是散开了，不用担心。静置几分钟后，面团会重新变紧实。

每个衍生配方中添加的原料的量都适用于一个基础乡村面包面团（可以做出两个面包）。如果你想用一个面团做出两种不同的面包，可以在第一次折叠之后把面团分成两半，然后给每个面团加入不同的原料。当然，你可以根据自己的口味增加或减少原料及其用量。

橄榄面包

在塔汀面包房，我们喜欢用油浸的绿橄榄和黑橄榄做橄榄面包。有一段时间，我们坚持只用绿色的卢克斯橄榄。这是我们的橄榄面包中，我最喜欢的版本。但是，我们面包房要烘焙大量面包，我们需要花几小时给橄榄去核。

小规模烘焙的话，给橄榄去核肯定是值得的。你可以尝试不同品种的橄榄，用最喜欢的那种就可以。我做的橄榄面包除了橄榄和香草，还额外加入了烤核桃仁或榛子仁。这款面包融合了多种风味，搭配辛辣的山羊奶酪、成熟的新鲜无花果或柿子，以及本地蔬菜，就是一顿丰盛的大餐。

可制作 2 个面包

3 杯去核的橄榄，粗粗切碎

2 杯核桃仁或榛子仁，烘烤并粗粗切碎（可选）

2 茶匙干燥的普罗旺斯香草

1 个柠檬的皮（刨成屑）

1 个基础乡村面包面团（见第 24 页）

把橄榄、坚果仁（可选）、普罗旺斯香草和柠檬皮屑放入一个碗里，混合均匀。按第 29 页步骤 5 的说明完成面团的第一次折叠后，把混合物倒在面团上，并用少量水打湿面团，用手把混合物和到面团里。按照前文的说明使面团完成发酵。

芝麻面包

充分烘烤后的芝麻可以给面包带来一种意想不到的香气。把芝麻加入面团中后，芝麻的香气会随着面团的自然发酵而变得更浓郁。面团烘焙后，这种香气会变得柔和。这种面包可以和基础乡村面包互换使用，还可以用来制作一些意想不到的美味：烤奶酪三明治、花生酱果酱三明治、牛排鸡蛋吐司，还有番茄烤面包（见第 175 页）。

可制作 2 个面包

1 杯芝麻

1 个基础乡村面包面团（见第 24 页）

将烤箱预热至 200℃。将芝麻均匀地铺在一个有边烤盘内，烤 10 分钟。把芝麻从烤箱里取出并搅拌——靠近烤盘边缘的芝麻会比中间的颜色更深。

继续烤 10 ~ 15 分钟，直到芝麻完全烤好，冷却 20 分钟。

按第 29 页步骤 5 的说明完成面团的第一次折叠后，将冷却后的芝麻倒在面团上，并用少量水打湿面团，用手把芝麻和到面团里。按照前文的说明使面团完成发酵。对面团进行最终整形后，再取一些芝麻放入盘子里，在面团顶部喷一些水，使其滚满芝麻。

核桃面包

吃核桃面包时应该每一口都能咬到核桃仁。用优质有机核桃做这种面包成本很高，但很值得。和芝麻面包一样，核桃仁要经过烘烤才能被激发出香味。核桃仁里的鞣酸会让面团变成紫色。如果你喜欢，也可以加入 2 汤匙核桃油（根据你的口味增减），这样会使面包具有更浓烈的核桃香气。

可制作 2 个面包

3 杯核桃仁

1 个基础乡村面包面团（见第 24 页）

将烤箱预热至 220℃。把核桃仁均匀地铺在一个有边烤盘内，烤大约 15 分钟，每5分钟搅拌一次，使其均匀受热。掰开一块核桃仁，如果里面呈浅焦糖色，就说明核桃仁已经烤好了；表皮颜色应该比里面深一点儿。将烤好的核桃仁冷却20分钟。把核桃仁掰成两半；如果你想要更小的块，就将它们粗粗切碎。

按第29页步骤5的说明完成面团的第二次折叠后，将冷却后的核桃仁倒在面团上，并用少量水打湿面团，用手把核桃仁和到面团里。按照前文的说明使面团完成发酵。

粗玉米粉面包

任何谷物——只要用热水煮过或者浸泡过，放凉后都可以加入基础乡村面包面团里。我在伯克希尔山的波顿那里，第一次尝试用粗玉米粉制作面包，这种面包在伯克利农贸市场大受欢迎。伯克利农贸市场和周围的商店一起支持了我们很多年。

粗玉米粉在加入面团之前，需先用开水浸泡。浸泡后的粗玉米粉使面包心有一种奶油般的质感，金黄色的玉米油使面包的玉米风味富有层次。烤过的南瓜子和新鲜的迷迭香很好地凸显了这种面包的风味。

可制作2个面包

1 杯南瓜子

1 杯粗玉米粉

2 杯开水

3 汤匙非精制、未过滤的玉米油

1 汤匙切碎的新鲜迷迭香

1 个基本乡村面包面团（见第 24 页）

将烤箱预热至 200℃。把南瓜子均匀地铺在一个有边烤盘内，烤大约 10 分钟，直到它们开始爆裂并从浅绿色变成棕色（需在第 5 分钟时搅拌一次）。将烤好的南瓜子冷却 20 分钟。

将玉米粉和开水倒入碗中，混合均匀，静置 30 分钟或者直到冷却。把玉米油、迷迭香和南瓜子加入玉米糊里，搅拌均匀。

按第 29 页步骤 5 的说明完成面团的第二次折叠后，把玉米糊混合物倒在面团上，并用少量水打湿面团，用手把混合物和到面团里。按照前文的说明使面团完成发酵。

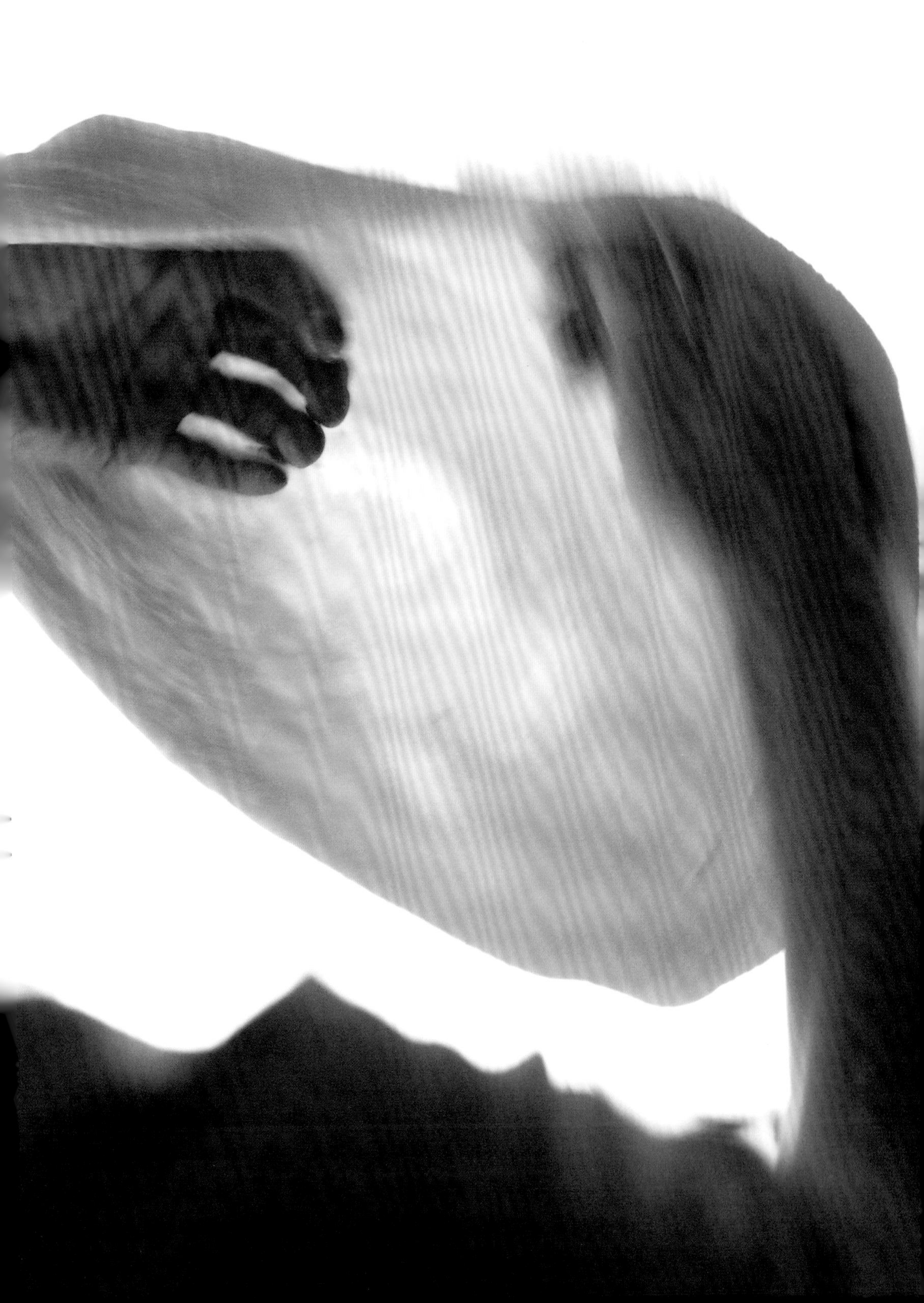

比萨和佛卡夏

面包师是面包房里最后完成工作的人。有时候，我们会取一些面团，带到楼上的公寓里做比萨当晚餐。我们很幸运，有一台旧的燃气烤箱、烤架和坏掉的温度计。把烤箱预热到很高的温度，再把面团放在预热好的烘焙石板上，就能在大约 3 分钟内做出一个冒着热泡的比萨。烤比萨带给我们许多乐趣，秘诀就是面粉、水、烤箱！只需要发酵好的面团和一块非常热的烘焙石板，你就能做出很棒的比萨。

荨麻比萨

你需要一把比萨铲和一个边长至少为 30 厘米的正方形烘焙石板。

可制作 1 个比萨

400 克基础乡村面包面团（见第 24 页）

玉米粉，用作铺面

中筋面粉，用作铺面

<u>馅料</u>

6 杯新鲜的荨麻叶

$\frac{1}{2}$ 杯重奶油

红辣椒碎

盐

60 克马苏里拉奶酪，切成约 1 厘米见方的丁

60 克芳提娜奶酪，切成约 1 厘米见方的丁

按第 35 页步骤 6 的说明分割面团，每个面团重 400 克。给面团整形完毕后，松弛 30 分钟。

同时，把烤箱的烤架放在中层，拿掉其他架子。把烘焙石板放在烤架上。将烤箱预热至 260℃，给烘焙石板加热 15 分钟。

在比萨铲上撒一些玉米粉。这样可以防止面团粘连，让面团更容易从比萨铲

上滑到烘焙石板上。在面团上撒一些面粉，然后把面团转移到工作台上，有面粉的一面朝下。

在面团上再撒一点儿面粉。先在面团边缘向内约 1 厘米处按压一圈。再将面团举起，把面团中心放在一只手的手背上。用另一只手的手背拉伸面团，使它从中间向外延展。旋转面团时，要借助重力的作用，使面团被均匀拉伸。当面团被拉伸得足够大时，将其放在比萨铲上。如果面团被撕破了，就把撕破的地方重新按在一起。最终面饼的直径应该比石板边长略小，你可以根据你想要的薄厚调整。

制作馅料。用夹子夹取荨麻叶（因为荨麻叶会刺疼人）放入碗里，再放入重奶油，搅拌均匀，随后加入红辣椒碎和盐。将两种奶酪丁铺在面饼上，把荨麻叶放在最上面。烘焙时荨麻叶会因为大量失水而变少，因此你可以多放一些荨麻叶。

摇晃比萨铲，使面饼晃动，确保它能轻松滑动。如果面饼粘在比萨铲上了，用刮刀把它掀起来，在面饼下多撒一些玉米粉。打开烤箱门，把比萨铲送到烘焙石板的最内侧。一边晃动比萨铲一边将它从烤箱里拉出来，使面饼滑到石板上。

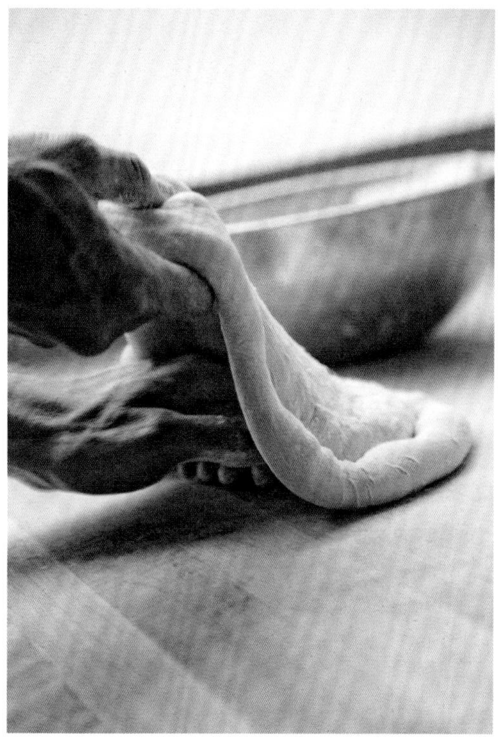
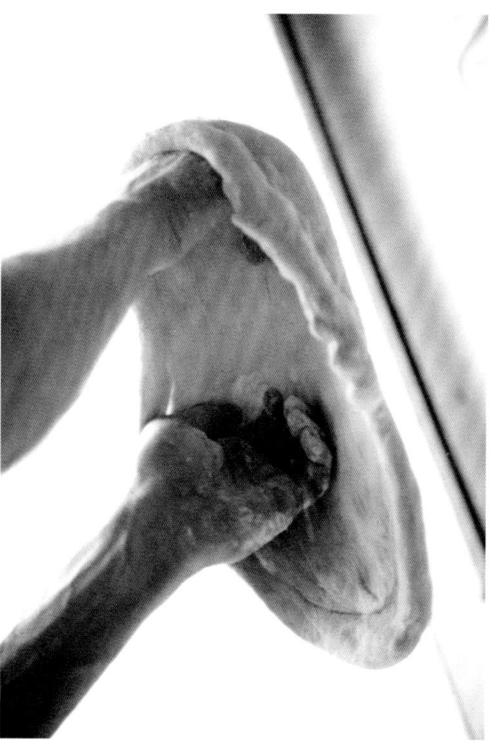

烘焙 4 ~ 8 分钟，具体时间取决于烤箱的温度。检查比萨的底部是否有焦痕——这是面饼烤透了的标志。当比萨烤好时，用比萨铲取出比萨，将其放在案板上，切分。

玛格丽特比萨

玛格丽特比萨是经典的那不勒斯比萨，配料少而简单，但很完美。这款比萨需在极高的温度下烘焙，传统做法是使用燃木烤炉。先在面饼上均匀涂抹一勺番茄酱，再将新鲜的马苏里拉奶酪片撒在上面，然后用比萨铲把面饼放进燃烧着木柴、预热至 480℃的烤炉。

在不到 2 分钟的时间里，面饼边缘会出现有烧焦痕迹的气泡，但面饼内部仍然柔软。在比萨出炉后，撒上新鲜的罗勒叶，覆盖在冒泡的酱汁和奶酪上。在比萨上面滴一些辣椒油增加辣味，或者用优质的特级初榨橄榄油来给比萨增添风味。这种完美简约的风格已经成为比萨在世界上的代表性特征。

我们用家用烤箱的上火挡位来做这种美味。我们的邻居杰夫·克鲁普曼也是一个比萨迷，他把一个便携式威焙家用烧烤炉改造成了一台烧木柴的比萨烤炉，我们将它亲切地称为“科学怪威焙”。我们很喜欢借用他的烤炉烘焙比萨。

土豆佛卡夏

很多年前，我第一次在苏利文街面包房尝到了这种土豆扁面包——刚出炉的面包非常好吃。为了做出类似的东西，我回家后就开始研究它的做法。土豆用盐腌过并沥干，添加了一些橄榄油，这让烤好的土豆有令人满足的丰富口感。

这是我们在伯克利农贸市场卖东西的时候，我最喜欢的食物之一。我总是能用佛卡夏换回一片上好的比萨。我们经常把这种面包作为面包房的员工餐，馅料就用我们手头有的东西：康科德葡萄配白奶酪；甜豌豆配节瓜；玉米配帕德龙辣椒。

你可以像做比萨一样用新鲜的面团或在冰箱里完成隔夜最终发酵的面团。在面包房里，我们用发酵了一夜的面团，拉伸它，撒上馅料，然后烘焙。

可制作 1 个佛卡夏

1 个基础乡村面包面团（见第 24 页）

1500 克土豆，比如育空黄金土豆

$1\frac{1}{2}$茶匙盐

适量现磨黑胡椒

$\frac{1}{2}$ 杯橄榄油

1 束新鲜百里香的叶子

85 克佩科里诺奶酪

你如果用新鲜的面团，就按第 35 页步骤 6 的说明整形，然后让面团松弛 30 分钟；如果用冰箱里的面团，就将它在室温下静置 30 分钟，待其恢复到室温后再整形。

用切片器把土豆切成薄而透明的片，放在一个滤网里，加入盐，拌匀。静置 20 分钟，使土豆中的水分析出。挤出土豆里残留的水分，直到其不再滴水。把土豆片、黑胡椒、橄榄油，以及一半的百里香叶放入一个大碗里拌匀。

将烤箱预热至 260℃，在一个有边烤盘内刷上橄榄油。把面团转移到烤

盘上并将其拉伸到和烤盘一样大小。如果面团在拉开之后马上就收缩了，那就不要强行拉伸。将面团静置几分钟再继续拉伸，注意不要把面团里的气都排出去。

把土豆片均匀地铺在面团表面。烘焙 15 分钟后检查一下，旋转烤盘使其均匀受热。继续烘焙 20 分钟，直到佛卡夏呈金黄色，土豆变脆。把佛卡夏移到案板上。刨一些佩科里诺奶酪，撒在佛卡夏上，用剩下的百里香叶装饰。切开佛卡夏，趁热食用。也可以把它放在冷却架上，待其冷却后再食用。

第二章

粗粒小麦粉面包
与全麦面包

Semolina and Whole-Wheat Breads

烘焙面包时，使用一些不常用的面粉（比如粗粒小麦粉）或改变配方中全麦粉的使用比例，会让面包拥有与基础乡村面包不同的特点，同时又保持后者基本的特点。这些面包的配方和制作方法都是一样的。

粗粒小麦粉面包

粗粒小麦粉是一种硬质小麦——杜兰小麦去除麸皮后制得的，呈金黄色，比普通高筋面粉的蛋白质含量更高。意大利面特有的金黄色就源自粗粒小麦粉。在意大利南部，细磨的粗粒小麦粉通常比筛过的白色小麦粉便宜，常被用来制作西西里人的日常面包。

传统上，这种面包是自制的，用天然酵种发酵，并在燃木烤炉里烘焙。它可以趁热吃，或者与新鲜的里科塔奶酪、甘牛至叶、凤尾鱼和橄榄油一起烤着吃。我们用橄榄油煎一片这种面包，然后将其切成条状，抹上羊奶里科塔奶酪、鳀鱼酱（见第 163 页）和来自意大利卡拉布里亚地区的辣椒酱，制作成面包师的独家点心，配上新鲜无花果和旧金山教会区的蜂蜜一同享用。

粗粒小麦粉的蛋白质含量较高，因此在制作面团的过程中需要更多的水，才能成为与基础乡村面包面团类似的面团。制作面包时，粗粒小麦粉和普通小麦粉要以 7：3 的比例混合使用。虽然粗粒小麦粉面包内部呈明显的金黄色，但味道与普通小麦粉面包仅有细微差别。碾碎的烤茴香籽、亚麻籽和芝麻的风味与谷物的风味相得益彰，你可根据自己的口味调整用量。

可制作 2 个面包

原料	用量	烘焙百分比
天然酵种	200 克	20%
水	750 克 +50 克	80%
粗粒小麦粉	700 克	70%
中筋面粉（或高筋面粉）	300 克	30%
茴香籽	75 克	7.5%
芝麻	75 克	7.5%
盐	20 克	2%
装饰用混合种子 *	200 克	

* 茴香籽、亚麻籽和芝麻的混合物，无须烘烤。

按照基础乡村面包配方（见第 24 页）的说明准备天然酵种。天然酵种通过漂浮测试后，就可以用来制作面团了。

将 750 克温水倒入一个大盆中，放入天然酵种，并搅拌使其分散。加入粗粒小麦粉和中筋面粉。用手混合水、天然酵种和面粉，直到没有干面粉残留。将面团在盆中静置 25 ~ 40 分钟。

在面团静置时，将混合种子放入平底锅，用中高火加热 5 分钟左右，随后倒入一个小碗中冷却。将烤好的混合种子用杵在研钵中碾成粗粒，或用香料研磨器磨碎。

将面团静置一会儿后，在其中加入盐和 50 克温水。用手抓挤面团，使盐溶解在面团中。面团会散开，然后在折叠时会重新成型。如果盐没有立即溶解，也不用担心。按照第 29 页步骤 4 的说明，将面团转移到一个透明容器中，使其发酵。按第 29 页步骤 5 的说明完成面团的第二次折叠后，把碾碎的混合种子倒在面团上，并用少量水打湿面团，用手把混合种子和到面团里。发酵完成之后，按照第 35 ~ 37 页步骤 6 ~ 8 的说明进行初步整形、松弛和最终整形。完成最终整形后，在每个面团的顶部滚上混合种子。按照第 37 页步骤 9 的说明，将每个面团有种子的一面朝下放入发酵篮或碗中进行最终发酵。按照第 38 ~ 47 页步骤 1 ~ 7 的说明烘焙。

粗粒小麦粉面包的衍生配方

金葡萄干、茴香籽和橙子皮面包

这款面包的风味更甜美。金葡萄干和茴香籽是经典的组合。我喜欢在早餐时吃这种面包，加热后涂上黄油和橘子酱。

可制作 2 个面包

3 杯金葡萄干

$1\frac{1}{2}$汤匙茴香籽，烤后打碎

1 茶匙香菜籽，烤后打碎

1 个粗粒小麦粉面包（见第 88 页）

1 个瓦伦西亚橙子的皮

将金葡萄干放入碗中，加入温水，浸泡 30 分钟后，取出沥干。在一个碗中放入金葡萄干、茴香籽、香菜籽和橙子皮。

按照第 29 页步骤 5 的说明完成面团的第二次折叠后，将碗中的原料撒在面团上，并用少量水打湿面团，用手将混合物和入面团。按前文的说明完成发酵、整形和烘焙。

混合全麦面包和纯全麦面包

理查德·波顿引导我认识了手工制作的全麦面包。许多人用妈妈烘焙的蜂蜜小麦面包做午餐肉三明治，我和他们一样，从小就认为全麦面包是一种甜软的面包，类似于棕色的沃登牌面包。直到今天，我还是无法抗拒用这种面包做的腊肠奶酪蛋黄酱三明治。但理查德的面包与众不同——它是一种任意形状的面包，面包心湿润，面包表皮厚实，呈焦褐色。

在法国与丹尼尔·科林和帕特里克·勒波尔一起工作时，我发现他们的招牌面包中也有用炉火烘焙的全麦面包，与理查德的面包有着相似的特征，这些面包对我制作全麦面包有很大的启发。两位面包师都制作过两种版本的全麦面包：一种是混合全麦面包，使用小麦粉和全麦粉制作，全麦风味比较清淡；另一种被称为纯全麦面包，使用100%全麦粉制作，面包表皮的颜色更深，面包心更扎实，全麦风味更明显。我们就是靠这些面包以及肉酱和玫瑰红葡萄酒生活的。

无论是混合全麦面包还是纯全麦面包，制作全麦粉占比高的面团需要更多的水，因为全麦粉中的麸皮会吸收更多的水。全麦面包很难出现如基础乡村面包一样开放的孔洞。麸皮颗粒会刺破形成的面筋结构，使面团无法像普通小麦粉面团那样包裹住大量气体，从而无法膨胀到后者那样的体积。我建议你从混合全麦面团开始学习，因为混合全麦面团比纯全麦面团更松软，然后你再根据自己的喜好调整面粉的混合比例。全谷物面包也可以像基础乡村面包一样，拥有开放多孔的内部组织，这并不是无法实现的。这完全取决于所使用谷物的季节性品质，虽然难以预测，但这绝对值得我们费尽心思去研究。

在塔汀面包房，我们使用与制作基础乡村面包相同的酵种制作全麦面包。有些面包师坚持在制作全麦面包时使用100%全麦粉喂养的酵头，但对我们来说，这样做并不值得。全麦粉中也包含了白面粉的所有成分。如果你想把天然酵种转换成全麦粉的，在制作面包前用全麦粉喂养几次酵头就可以了。需要注意的是，全麦面团的发酵过程会更加活跃，因此要保持低温环境或减少初始酵头的使用比例（大约减少5%）。

全麦面包

由于全麦粉比白面粉能吸收更多的水分，因此面团在初次混合后需要更长的静置时间。基础乡村面包面团的静置时间为 25 ~ 40 分钟；全麦面包面团的静置时间为 40 分钟 ~ 1 小时。有些面包师喜欢让全麦面团静置一夜，在开始折叠面团之前再加入天然酵种，这种方法值得试一试。

全麦粉制作的面团比白面粉制作的面团的发酵过程更活跃，因此在制作全麦面团时要用稍凉的水制作以减缓发酵速度，还可以将天然酵种的使用比例从 20% 调到 15%。但请记住，为了使面团在整形前形成适当的张力，完整的发酵过程仍然是必不可少的。

可制作 2 个面包

原料	用量	烘焙百分比
天然酵种	200 克	20%
水（24℃）	800 克	80%
全麦粉	700 克	70%
中筋面粉	300 克	30%
盐	20 克	2%

按照基础乡村面包配方（见第 24 页）的说明制作天然酵种。天然酵种通过漂浮测试后，就可以用来制作面团了。

将温水倒入一个大盆中。加入天然酵种，搅拌均匀。再加入全麦粉和中筋面粉。用手混合水和面粉，直到盆中没有干面粉残留。将面团在盆中静置 40 ~ 60 分钟。

按照第 29 ~ 38 页步骤 5 ~ 9 的说明制作面团，按照第 38 ~ 47 页步骤 1 ~ 7 的说明烘焙。

全麦面包的衍生配方

亚麻籽和葵花子全麦面包

这是我们当初在波顿的店里制作的另一款面包，德国全麦面包中的经典组合。我第一次在玉米片中品尝到这种组合时，就立刻被它迷住了。亚麻籽使面包心更加湿润、柔软，并且使面包能保存更长时间。给面团整形完毕后，在其表面滚上葵花子，这样烘焙面包的同时可以烘焙葵花子。

可制作 2 个面包

2 杯亚麻籽

4 杯开水

2 杯葵花子

1 份全麦面包面团（见第 92 页）

制作面团前，先将亚麻籽放入碗中，倒入开水。亚麻籽冷却后会变得黏稠。

将烤箱预热至 200℃。将 1 杯葵花子均匀地铺在有边烤盘中，烤 10 分钟。从烤箱中取出葵花子并翻动，靠近烤盘边缘的葵花子的颜色会比中间的深一些。继续烤 5 分钟至葵花子烤熟。冷却 15 分钟。

按第 29 页步骤 5 的说明对面团进行第二次折叠后，将亚麻籽和葵花子倒在面团上，并用少量水打湿面团，用手将种子和入面团。按前文的说明完成面团的发酵。按照第 35 ~ 37 页步骤 6 ~ 8 的说明对面团进行初步整形、静置和最终整形。

对面团进行最终整形后，将剩余的 1 杯葵花子放在盘子或托盘中。在每个面团顶部滚上葵花子。如果种子没有粘住，可以将面团在湿毛巾上滚一下，使其表面湿润。按照第 37 页步骤 9 的说明，将每个面团移到发酵篮或碗中进行最终发酵。按照第 38 ~ 47 页步骤 1 ~ 7 的说明烘焙。

葡萄干和香菜籽全麦面包

我同样是从波顿那里了解到葡萄干和现磨香菜籽的搭配的，他认为香菜籽有助于消化。在伯克希尔山的面包房，理查德的孩子们经常在放学后吃上一整块抹上黄油的热面包。你可以用醋栗干代替葡萄干。用这种面包做烤奶酪三明治时，又是另一种令人难以忘怀的美味。

可制作 2 个面包

3 杯葡萄干

1 汤匙香菜籽

1 个全麦面包面团（见第 92 页）

将葡萄干放入碗中，加入温水浸泡 30 分钟，取出沥干后再放回碗中。

将香菜籽放入小平底锅中，用中高火加热约 5 分钟。将香菜籽放在研钵中用杵捣碎或用研磨机中磨碎。将香菜籽加入葡萄干中，搅拌均匀。

按第 29 页步骤 5 的说明对面团进行第二次折叠后，将碗中的原料倒在面团上，并用少量水打湿面团，用手将原料和入面团。按前文的说明完成发酵。

按照第 35 ~ 38 页步骤 6 ~ 9 的说明处理面团，按照第 38 ~ 47 页步骤 1 ~ 7 的说明烘焙。

格鲁耶尔奶酪全麦面包

这款面包是我在塔汀面包房最喜欢做的全麦面包之一，灵感来自我在巴黎的面包房第一次品尝到的格鲁耶尔奶酪面包。这款面包的制作方法是在制作面团的最后阶段将粗磨的格鲁耶尔奶酪和现磨的胡椒粉加入面团中。长方形面团放在一个形似面包模具、铺有烘焙纸的雪松木盒子里烘焙。奶酪从面包的割口中溢出，与面包表皮一起焦糖化。烤香的陈年格鲁耶尔奶酪与全麦面包是最完美的搭配。

可制作 2 个面包

1 个全麦面包面团（见第 92 页）

280 克窖藏陈年格鲁耶尔奶酪，磨碎

橄榄油（用于刷在面团表面）

按说明制作混合全麦面团。在面粉和水混合均匀后，加入磨碎的奶酪，并用手将其充分和入面团。将面团在盆中静置 40 ～ 60 分钟。

按照第 29 ～ 37 页步骤 5 ～ 8 的说明处理面团。在两个烤盒内刷上橄榄油，将面团放入烤盒中，完成 2 ～ 3 小时的最终发酵后再进行烘焙。按照第 38 ～ 47 页步骤 1 ～ 7 的说明烘焙。

黑麦乡村面包

黑麦粉具有独特的甜谷物风味，这种风味在天然酵种面团中更明显。对于某些黑麦面包，如传统的德国黑麦面包，人们更喜欢其浓郁的酸味，这种酸味是通过长时间发酵形成的。

在制作这款面包时，我使用了适量黑麦粉，使其赋予面包独特的黑麦风味和甜味，同时使酸味保持在最低限度。全黑麦粉会使面包心略带灰色，更加柔软。

将黑麦粉与小麦粉混合使用时，你可以根据自己的口味改变黑麦粉的比例：随着黑麦粉用量的增加，面包会变得更加紧实——黑麦粉的面筋含量较低。

要使用中细研磨的全黑麦粉，而不是粗研磨的黑麦粉，因为后者会产生截然不同的效果。

可制作 2 个面包

原料	用量	烘焙百分比
天然酵种	100 克	20%
水	800 克	80%
全黑麦粉（中细研磨）	170 克	17%
高筋面粉	830 克	83%
盐	20 克	2%

按照基础乡村面包配方（见第 24 页）的说明制作天然酵种。天然酵种通过漂浮测试后，就可以用来制作面团了。

将温水倒入一个大盆中，加入酵种，搅拌均匀。再加入黑麦粉和高筋面粉。用手混合水和面粉，直到没有干面粉残留。使面团在盆中静置 40 ~ 60 分钟。

加入盐，然后按照第 29 ~ 38 页步骤 5 ~ 9 的说明处理面团，按照第 38 ~ 47 页步骤 1 ~ 7 的说明烘焙。

第三章
法棍和浓郁型面包
Baguettes and Enriched Breads

一个世纪以前，用天然酵种制作面包一直是法国面包师的传统。在我们今天所知的商业酵母问世之前，18 ~ 19 世纪的面包师使用啤酒生产过程中的副产品——酿酒酵母以及天然酵种来使面包蓬松。19 世纪后半期，商业酵母问世，面包师才开始使用它。起初，面包师使用这种新产品时非常谨慎。他们将面粉和水与少量商业酵母混合在一起，然后让它们发酵几小时，就像他们制作天然酵种一样。

这种预发酵面糊状的酵母后来被称为波兰酵头（因为源自波兰），多数情况下与天然酵种一起混合使用。在商业酵母出现早期，即使单独使用波兰酵头，面团的基础发酵时间也很长，最终发酵也同样缓慢。但是，结果非常棒：在面团中添加适量商业酵母，面包比以往任何时候都轻盈蓬松，而适量天然酵种和长时间的发酵，确保了面包的良好风味和出众的保鲜性能。这种混合使用商业酵母和天然酵种的方法，持续了数十年。20 世纪初的法国面包师雷蒙德 • 卡尔维尔将这几十年称为“法国面包的黄金时代”，他后来成为特立独行的法国面包权威。天然酵种和商业酵母也可以单独使用。但无论哪种方式，当时的面包师都理解并尊重传统方法——温和地处理面团和使面团长时间缓慢发酵，以形成面包风味，保留完整传统工艺。

这段黄金时代很短暂。使用天然酵种的面包房需要花费更多的精力，才能在那些大规模生产的面包房的冲击下立足。许多面包师放弃了使用天然酵种的古老做法，转而使用更方便的商业酵母来制作面包。随着面包师在面团中添加更多的商业酵母，他们发现面团能更快发酵，发酵时间大大缩短。这虽然提高了面包房的生产效率，但面包的质量大打折扣。这种做法是对面团充气而不是发酵，不但牺牲了面包的风味，也改变了法式面包的本质，让面包的精髓从此消失。

曾经在世界各地备受推崇的面包，如今却因在数小时内变质而声名狼藉。消费者也望而却步。尽管面包仍被视为法国人的主食，但历史学家发现，20 世纪 40 年代后，法国的面包消费量急剧下降。由于面包师使用了商业酵母，他们不再向学徒传授如何使用天然酵种制作面包，天然酵种的相关知识几乎失传。

黄金时代结束后，教条和迷信使很多人认为商业酵母和天然酵种应该分开使用。支持者分成了旗帜鲜明的对立阵营。对坚持传统的面包师来说，商业酵母成了敌人。他们认为导致面包品质下降的罪魁祸首是这种小小的微生物。我知道有一位法国面包师将一群小学生拒之门外，禁止他们参观他的面包房，因为他认为酵母菌可能会附在这些毫无防备的孩子身上，从而入侵他的面包房。他的担心毫无根据，因为天然酵种的酸化环境不适合商业酵母，几乎不会造成污染危险。

20 世纪 80 年代末在美国兴起的手工面包复兴运动，早在 10 年前就在法国开始了。许多面包房自豪地宣布，他们的面包不使用商业酵母。天然酵种面包正在重回 20 世纪的辉煌。一些面包师，尤其是巴黎和其他一些城市的面包师发明了新的酵母发面法，将天然酵种和商业酵母和谐地结合在一起，制作出了备受欢迎的面包。

在塔汀面包房，当我希望面包质地更轻、酸度更低、表皮更薄时，我就会将波兰酵头作为液体酵母与天然酵种结合使用。我会单独制作波兰酵头，并根据想要的结果来调整面团中波兰酵头的用量。面团的基础发酵和最终发酵时间仍然很长，但我可以根据当天的情况做出调整。

法棍

就像我多年来一直寻找的理想中的基础乡村面包一样，我理想中的法棍也早在我亲手制作出来之前,就已经存在了。我相信，自 20 世纪初法棍诞生以来，我理想中的法棍就在某个地方被持续制作出来了，只是我没有找到。这种法棍可能在 20 世纪初最容易找到，当时商业酵母刚开始普及，同时面包师使用它也很谨慎。

我有信心通过使用天然酵种和商业酵母，将这种早期的法棍带到人们的餐桌上。我先用基础乡村面包面团制作法棍。这款法棍是将基础乡村面包面团拉伸成棍子状的美味，非常硬脆。它虽然味道还不错，但并不是我想要的法棍。我想要的是比基础乡村面包口感更细腻、外皮薄而酥脆的法棍。

经过几个月的试验，我把“年轻”的天然酵种的用量提高了一倍，同时加入了大量波兰酵头，改变了面粉的混合比例，并延长了面团的最终发酵时间，终于做出了我想要的法棍。波兰酵头形成风味的过程与天然酵种相同，但没有乳酸菌参与发酵，因此不会产生醋酸和乳酸的酸味。波兰酵头还能增加面团的延展性，有助于形成有开放孔洞、不规则的面包心和薄脆的外皮。

经过第一次测试，我发现面团不需要隔夜发酵，因为这样做出的面包比我想要的面包表皮更厚且味道更浓。我在面团中使用与基础乡村面包面团一样比例（20%）的天然酵种，并在当天烘焙，做出的法棍很好。但是，天然酵种产生的风味很淡，几乎没有，所以我增加了天然酵种的用量。由于加入了波兰酵头和更多的天然酵种，面团的发酵过程更活跃了，即使我当天就把法棍烤好，面团不隔夜发酵，我制作法棍面团时仍然需要比制作基础乡村面包面团时更凉（24℃）的水。

由于法棍面团不经过隔夜发酵，发酵时间不足以使面筋软化。因此，我改变了面粉的混合比例——在以高筋面粉为主的基础上，加入了更多筋度更低的中筋面粉。我还在一些测试版本中尝试添加 5% ~ 10% 的斯佩尔特小麦粉（以面粉总量为 100% 来计算），效果非常好。斯佩尔特小麦粉使面团有了极强的延展性，因为斯佩尔特小麦粉中面筋的特性与中筋面粉或高筋面粉中面筋的截然不同。最终，我决定在本书的配方中，使用以中筋面粉为主的混合面粉。

通常经过 3 ~ 4 小时的基础发酵，面团就可以分割和整形了。此时面团又软又黏,因此我使用了一种由基础乡村面包面团整形方法改良而来的整形方法。整形后的法棍面团，在烘焙前最多可放置 3 小时。

经过数月的测试，我找到了在添加波兰酵头、使用大量“年轻”的天然酵种，以及换用筋度较低的面粉三者之间的平衡，制作出了一款风味经典的法棍。这款法棍呈金黄色，散发着新鲜爆米花的香气。

由于法棍面团无法放入铸铁双锅，我建议你将法棍面团放在长方形的烘焙石板上烘焙。预热烤箱时及在烘焙最初的 15 分钟内，要使烤箱内持续充满蒸汽（见第 106 页）。根据烘焙石板的大小，你可能需要调整面团的长度，使它适合放在烘焙石板上。除了比萨铲，你还要准备一快转移板，用于将整形完毕的面团移到比萨铲上，用窄的长方形木板或硬纸板都可以。还需要准备小木棒，以固定双刃剃须刀片，用来割包（见第 38 页，步骤 2）。

可制作 2 根法棍

波兰酵头

200 克中筋面粉

200 克水（24℃）

3 克即发干酵母

天然酵种

1 汤匙成熟酵头（见第 24 页）

220 克中筋面粉

220 克水（27℃）

米粉，用作铺面

法棍面团

原料	用量	烘焙百分比
天然酵种	400 克	40%
水（23 ~ 25℃）	500 克	50%
波兰酵头	400 克	40%
中筋面粉	650 克	65%
高筋面粉	350 克	35%
盐	24 克	2.4%

制作波兰酵头。在一个碗中放入面粉、水和即发干酵母，搅拌均匀。在温暖的室温（24 ～ 26℃）下静置 3 ～ 4 小时，或在冰箱冷藏室中过夜。

制作天然酵种。将成熟的酵头放入碗中，按照第 27 页步骤 1 的说明，用面粉和水喂养。

波兰酵头和天然酵种通过漂浮测试后，就可以用来制作面团了。将少量波兰酵头和天然酵种投入水中；如果两者都沉入水底，就说明它们还不能使用，需要更长时间发酵。

制作法棍面团。先称量出 400 克天然酵种，将剩余的放在一边，继续发酵。将温水倒入一个盆中。加入波兰酵头和天然酵种，搅拌均匀。再加入中筋面粉和高筋面粉。用手混合均匀，直到盆中没有干面粉残留。刚制作好的法棍面团比基础乡村面包面团稍硬，但在发酵过程中会变软。使面团静置 25 ～ 40 分钟。

按照第 29 页步骤 4 的说明将面团转移到一个透明容器中，使其在约 24℃的温度下完成基础发酵。按照第 29 页步骤 5 的说明，每隔 40 分钟折叠一次面团；在第一次折叠时加入盐。

发酵完成后，根据烘焙石板的大小，按照第 35 页步骤 6 的说明将大面团分成 2 ～ 3 份。将每个小面团整成边角圆润的长方形面团，在工作台上静置 30 分钟。

在烤盘或案板上铺一块大毛巾，撒上米粉。

每次处理一个面团。从面团靠近你的那侧开始操作，拉起 $\frac{1}{3}$ 的面团，叠到面团的中心。再握住面团的两端，水平拉伸，使其宽度增加一倍。将面团远离你的那侧拉起 $\frac{1}{3}$，折向被拉长的长方形面团中间，就像合上信封的封口一样。按压封口，使面团产生张力。双手拢住面团，用大拇指压住面团，将面团向你的方向拉；每拉一次，就用手掌外侧和手指按压面团，进一步增强面团的张力。最后，你应该会得到一个形状像擀面杖的圆柱形面团。将两只手掌放在面团上，来回搓动面团，将面团两端搓细，同时考虑到烘焙石板的大小，不要搓得过长。

相比其他形状的面团，法棍面团的整形比较复杂，需要更多的操作。只要多加练习，坚持不懈，你就会熟练掌握整形方法。

将面团放在撒有面粉的发酵布上，有接缝的一面朝上。将面团之间的发酵布揪起，使其形成一道褶子以隔开面团。最后将发酵布的两侧盖在面团上，以支撑两侧面团的外边缘。在温暖的室温（21 ~ 24℃）下进行最终发酵，需2.5 ~ 3 小时。

将烘焙石板放在烤箱中层，将烤箱预热至 260℃。使用烘焙石板的关键是在开始烘焙时让烤箱内充满蒸汽。在使用家用烤箱时，如果想获得尽可能多的蒸汽，诀窍是在烤箱预热时，在烤箱底部放一个有边烤盘，里面铺上浸过水的厨房毛巾。烤箱预热时，毛巾中的水会产生蒸汽。理想情况下，我们希望在预热时和烘焙面团的前15分钟，烤箱内都充满蒸汽。所以在放入面团时，需要快速将面团放入烤箱、关上烤箱门；在烘焙的前半段，烤箱中的蒸汽越多，面团的炉内膨胀或者说最终面包的体积就越好（大）。蒸汽还有助于烤出薄脆并略带光泽的面包表皮。

在比萨铲和面团的接缝处撒一层米粉，拿着发酵布的一端，将面团分别翻转到转移板上，然后再滑到比萨铲上。将面团并排放在比萨铲上，间隔约5 厘米。用一个双刃剃须刀片，沿着面团中线，割出多个略微重叠的割口。确保烤箱内充满蒸汽。你可能会观察到蒸汽从烤箱的缝隙处逸出。打开烤箱门，将面团放在烘焙石板上，然后迅速关上烤箱门，尽可能多地保留蒸汽。立即将烤箱温度降至 240℃。

大约 15 分钟后，法棍开始上色时，用厨房毛巾小心地将下层的有边烤盘取出，烤盘内毛巾的水应该已经完全蒸发。继续烘焙 10 ~ 15 分钟，直至法棍呈深金黄色。法棍出炉后，可以趁热食用，或放在冷却架上冷却后食用。

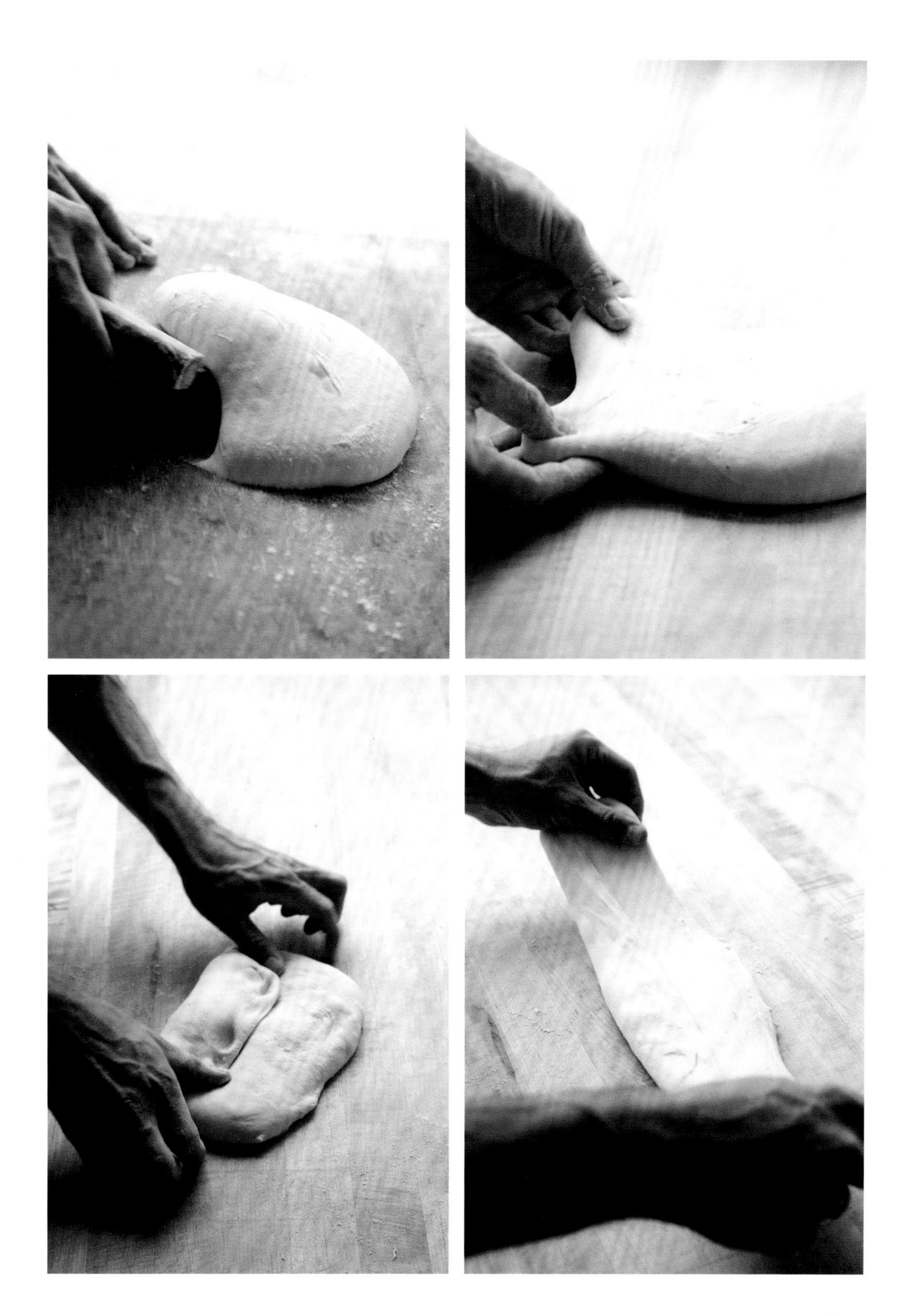

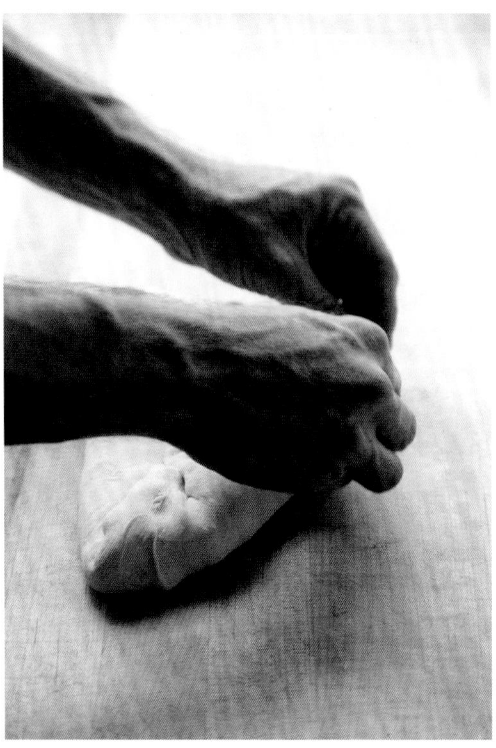

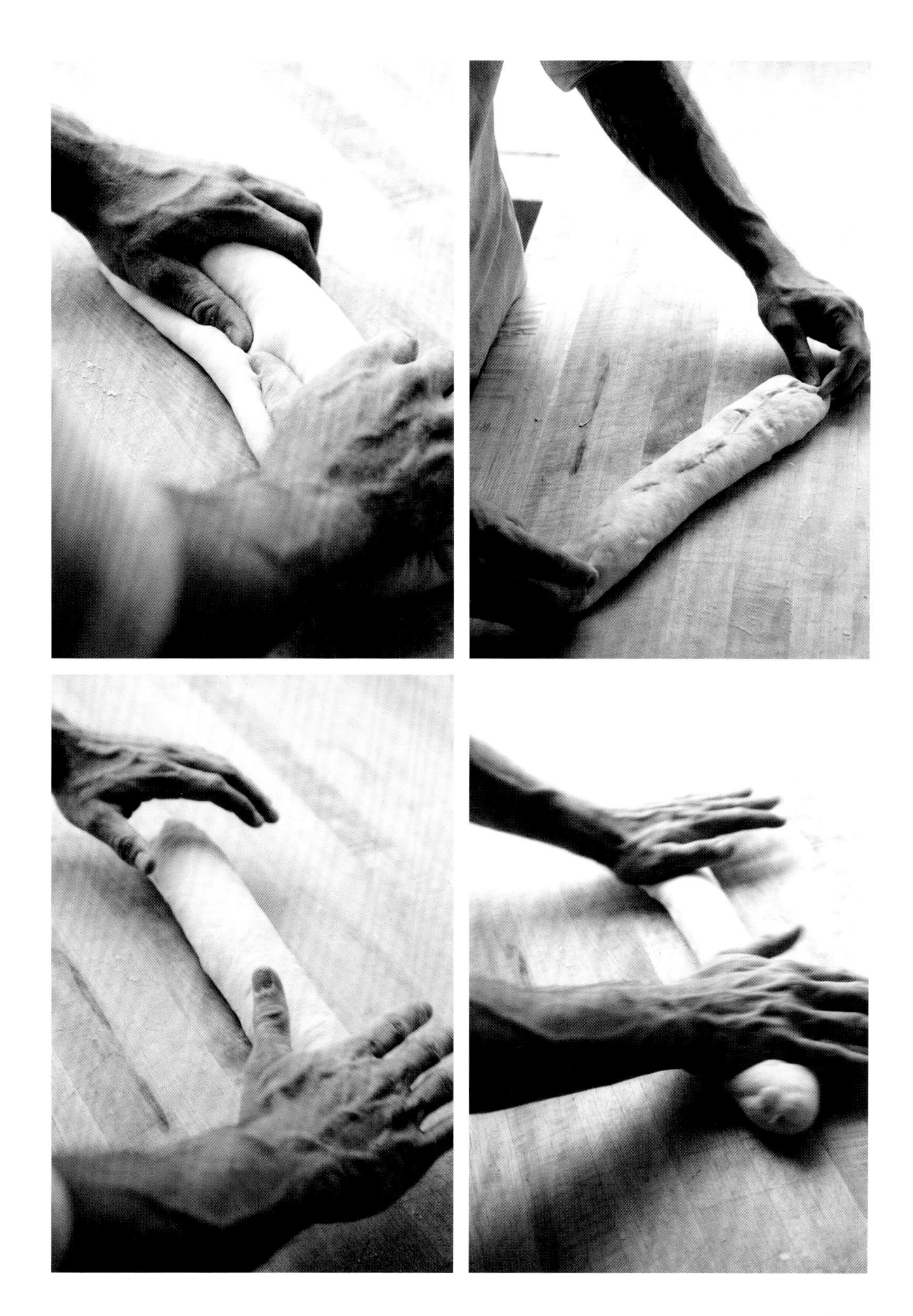

法棍的衍生配方

扭扭法棍

扭扭法棍是法棍的一种乡村变体，外观像葡萄藤，在美国的面包房里很少能见到。我是在法国波尔多海岸附近的“了不起的面包师”那里见到扭扭法棍的。至今它在我心中仍是最优雅的面包之一。

可制作 2 ~ 3 根法棍

1 个法棍面团（见第 102 页）

按照配方准备法棍面团。将面团整形完毕后，放在撒有面粉的发酵布上，静置 5 分钟。

握住面团的两端，像拧毛巾一样向相反的方向拧。将面团放回撒有面粉的发酵布上进行最终发酵，2 ~ 2.5 小时后烘焙。无须割包，烘焙方法与法棍相同。

开口笑面包

开口笑面包也叫手枪面包，面团在烘焙前不需要割包。按照我们的设计，面包会沿着撒有米粉的折痕绽开。我喜欢刚出炉的面包的外观，它并不一定完全沿着折痕打开，而是在烤箱中的最后一刻展现自己的特点。

可制作 2 ~ 3 个面包

1 个法棍面团（见第 102 页）

按照配方准备法棍面团。将发酵后的面团分割，并按说明静置。每次取一个面团整形。从面团靠近你的那侧开始操作，拉起 $\frac{1}{3}$ 的面团，叠到面团的中心。握住面团的两端，稍稍拉伸。将右端叠到面团的中心，再将左端叠到面团的右端。接着，将远离你的那侧面团拉起 $\frac{1}{3}$，叠到面团的中心，就像合上信封的封口一样。用手按压封口，使面团产生张力。双手拢住面团，将面团向靠近你的方向拉；每拉一次，就用手掌外侧和手指按压面团，进一步增强面团的张力。最后，你要做出一个接缝朝下的椭圆形面团。

在面团中间纵向撒上一些米粉。用切面刀的木柄纵向压入面团，直到触到工作台。使用切面刀，将面团转移到撒有面粉的发酵布上，使有接缝的一面朝上。将面团进行最终发酵，2 ~ 3 小时后烘焙。无须割包，烘焙方法与法棍相同。

普罗旺斯面包

普罗旺斯面包是一种源自法国南部的传统薄饼，可以加入香草、橄榄或咸猪肉（煎培根或五花肉）等调味。制作时，将面团压成像佛卡夏面团一样的长方形面团，用切面刀在面团表面迅速、利落地划上几刀，再将面团放入烤炉烘焙。

下图所示的是一种用普通面团制作的普罗旺斯面包。如果你想加入香草、橄榄或咸猪肉，可在第一次折叠面团之后，加入这些原料，按照基础乡村面包的衍生版本（见第 67 ~ 73 页）的操作步骤操作。可以依自己的口味给刚烤好的面包刷上橄榄油，并用盐和香草调味。

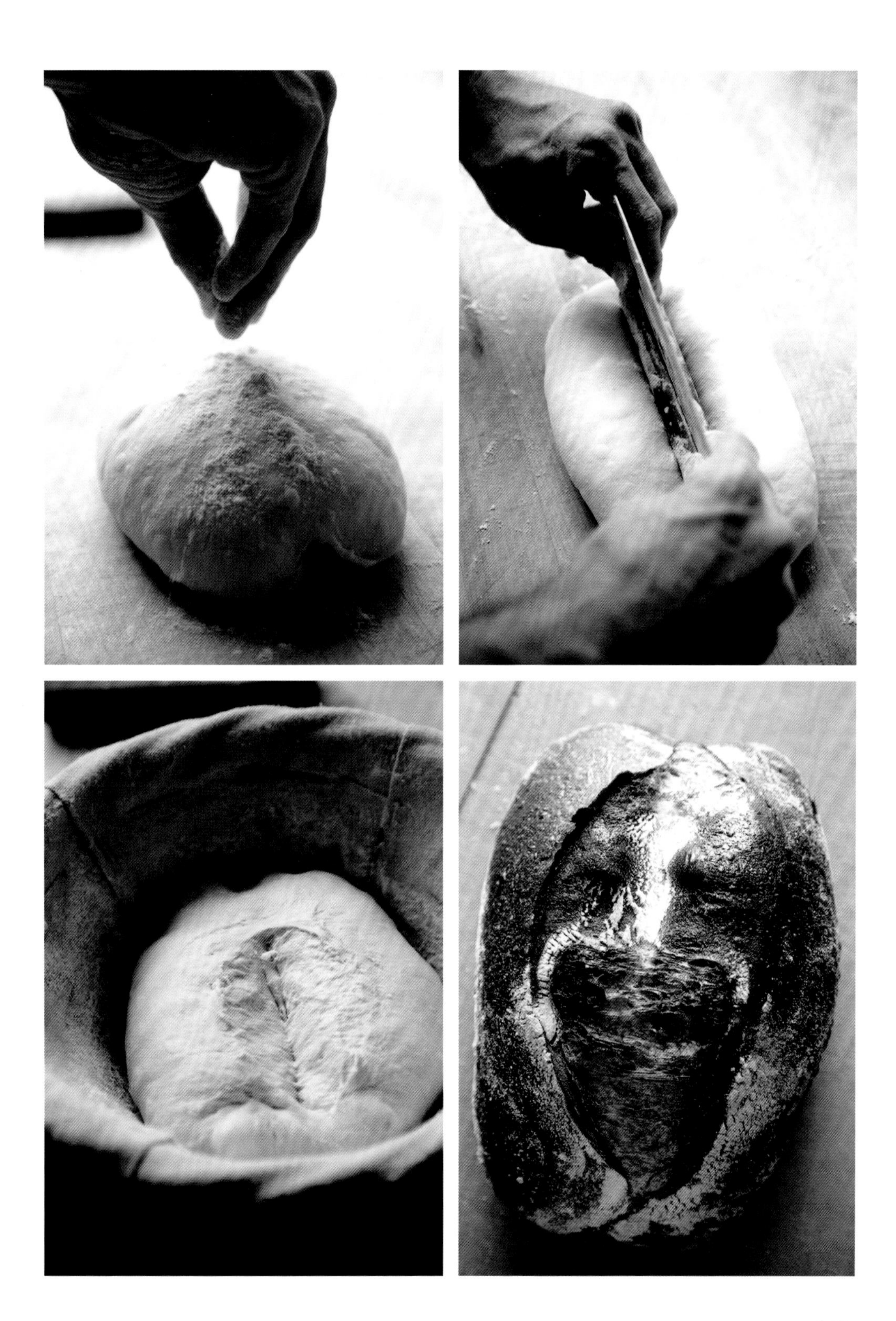

可制作 2 ~ 3 个面包

1 个法棍面团（见第 102 页）

按照配方准备法棍面团。将完成基础发酵后的面团分割，并按操作说明静置。每次取一个面团整形。从面团靠近你的那侧开始操作，拉起 $\frac{1}{3}$ 的面团，叠到面团的中心。握住面团的两端，稍稍拉伸。将右端折叠到面团的中心，再将左端叠到面团的右端。接着，将远离你的那侧面团拉起 $\frac{1}{3}$，叠到面团的中心，就像合上信封的封口一样。按压封口，使面团产生张力。双手拢住面团，将面团向靠近你的方向拉；每拉一次，就用手掌外侧和手指按压面团，进一步增强面团的张力。最后，你要做出一个接缝朝下的圆柱体面团。用切面刀将面团转移到撒有面粉的发酵布上，使有接缝的一面朝上。将面团压至约 4 厘米厚，进行最后发酵，需 2 ~ 3 小时。将面团转移到撒有面粉的比萨铲上。用切面刀在面团上划几刀。拉伸切口，使其变大。烘焙方法与法棍相同。

英式玛芬

作为一个从小吃托马斯牌玛芬长大的人，我理想中的英式玛芬是一种质地细嫩、口感松软的烤饼，非常适合涂抹熔化的黄油和自制果酱。

英式玛芬要达到松软的口感，基础乡村面包面团是不二之选。我早期的尝试就取得了不错的效果。但很明显，我需要一个硬一点儿的面团，这样面团在切割和转移到煎锅时，能保持特有的圆形。法棍面团正好合适，它足够紧实，能保持形状；足够柔软，能做出松软的面包心；波兰酵头让面团格外松软多孔，使英式玛芬整体更轻盈。

我还希望面团能够在早上制作完毕，也就是人们平时想做英式玛芬的时间。理想情况下，你可以在前一天制作好面团，在冰箱里存放一夜，这样第二天早上就可以取用了。英式玛芬复烤一下也非常好吃，可以提前一两天制作，但没有什么比刚出锅的英式玛芬更好吃的了。

要想英式玛芬的内部有开放孔洞，关键在于处理面团时手法要轻柔，减少折叠次数；面团还需要充分发酵，以形成独特的风味，并形成孔洞。

可制作 12 ~ 14 个英式玛芬

1 个法棍面团（见第 102 页）

米粉和中筋面粉混合，用作铺面

玉米粉（可选）

1 杯（1 条）无盐黄油

按照配方准备法棍面团。将面团进行基础发酵，需 3 ~ 4 小时。在此期间，将面团轻轻折叠 1 ~ 2 次。

将发酵布放在有边烤盘中，撒上铺面。一定要撒足够的铺面，否则面团可能会粘在发酵布上。如果强行从发酵布上取下面团，面团就会变形，煎时也不会均匀膨胀。虽然使用玉米面做铺面能让英式玛芬看起来更有特色，但在煎锅中煎玛芬时，玉米面容易烧焦。

待面团完成基础发酵后，将面团放在撒有铺面的发酵布上松弛 10 分钟。在面团表面撒上铺面，然后从面团中间向外按压，直到面团变为 2 ~ 2.5 厘米厚。注意，厚度均匀比精确更重要。将面团盖上厨房毛巾，放入冰箱冷藏一夜。

在煎玛芬前约 30 分钟将面团从冰箱中取出。准备一口平底煎锅、一个直径 8 厘米的圆形饼干模和一把曲柄抹刀。在平底煎锅中放入黄油，大火熔化。当黄油开始沸腾时，用细网过滤器将其滤入耐热杯中。黄油不需要完全清澈，去除大部分牛奶固形物即可，以防烧焦。

用中小火加热平底煎锅。倒入澄清黄油，使其铺满锅底。用饼干模具将面团切成圆形，小心地放入平底锅中。一口直径 30 厘米的平底煎锅可以放 2 ~ 3 个圆形面团。2 分钟后，面团会膨胀到近 5 厘米高。如果膨胀不均匀也不用担心，翻面后它就会均匀膨胀。当面团底部呈金黄色时，用抹刀将面团翻面，轻轻按压，使其紧贴锅底，再煎 2 ~ 3 分钟，直到其两面均呈金黄色。做好的英式玛芬两面松脆，而边缘颜色较浅且松软。

将英式玛芬从平底锅中取出，趁热食用或放在冷却架上冷却后食用。将平底煎锅擦干净，然后煎剩余的面团。依照喜好可以在做好的英式玛芬上撒上玉米粉。

再次食用时，用叉子将英式玛芬分成两半，烘烤一下。将英式玛芬放在保鲜盒里，常温可保存 2 ~ 3 天，也可以用蜡纸将其包起来以保持水分。英式玛芬也可以冷冻保存。食用时，在室温下解冻 2 小时后烘烤，就可以恢复其口感。

布里欧修和可颂

“我喜欢面包，也喜欢黄油，但我最喜欢有黄油的面包。”

莎拉·韦纳写下这句话是为了颂扬她最喜欢的东西。莎拉说这句话时只有7岁，她是我同为面包师的好友玛丽安娜·韦纳的女儿。她是一个聪明的孩子，一下子说出了大家的心声。

就像神奇的炼金术一般，在法国传统烘焙技术中，有许多高超的方法将面包和黄油结合起来，取得了非凡的效果。

这里介绍两种著名的技术成果：布里欧修和可颂。这两种面包都源于基础乡村面包面团。在制作布里欧修面团时，需将黄油加入无油无糖的面团中，制作成光滑柔软的黄油面团。可颂面团则是用面团层层包裹黄油，将面团和黄油巧妙地融合在一起，以制成层次分明、酥脆松软的面包。

传统上，布里欧修面团是用天然酵种制作的，可颂面团可能使用了天然酵种和商业酵母。与法棍的配方一样，这两个配方是可追溯到一个多世纪前的发酵技术的变体。由于缺乏熟练使用天然酵种的面包师，制作这两种面包的技术几乎完全失传。这是一种遗憾，因为“年轻”的天然酵种能在面团中产生非凡的效果。

天然酵种和波兰酵头一起给面团带来的咸味元素，与这些面包中浓郁的黄油风味形成了完美平衡。天然酵种和波兰酵头提升了可颂和布里欧修的保存性能；即使是几天前制作的面包，复烤也能很好地恢复其口感。

可颂面团和布里欧修面团与法棍面团相似；只是前两者在制作时以牛奶代替了水，而在制作布里欧修面团时，蛋液则是液体的主要来源。下述的每种配方都组合使用了“年轻”的天然酵种和波兰酵头。加入糖是为了用微妙的甜味平衡整体风味；少量即发干酵母可确保这些风味丰富的面团有足够的炉内膨胀和轻盈的质地。

布里欧修

布里欧修是本书中唯一需要用厨师机处理的面团。面团需要长时间、稳定地搅拌，使黄油充分融入。加入面团中的黄油用量为面粉总用量的 45%。这种面团可以做多款甜味或咸味的糕点，并可保存数天。本配方可制作 1800 克的布里欧修面团。由于添加了即发干酵母，面团可以冷冻储存。如果你使用的是冷冻面团，请在计划烘焙的前一天晚上将其放入冰箱冷藏室，让面团在冷藏室解冻一整夜。布里欧修需要用模具烘焙。在塔汀面包房，我们使用

长方形面包模具烘焙，咖啡罐也可以。无论你选择哪种模具，如果模具表面没有不粘涂层，都要刷上熔化的黄油或橄榄油，以防面团粘在模具上。

可制作 4 ~ 6 个布里欧修

波兰酵头

200 克中筋面粉

200 克水（24℃）

3 克即发干酵母

天然酵种

1 汤匙成熟酵头（见第 24 页）

220 克中筋面粉

220 克水（27℃）

布里欧修面团

原料	用量	烘焙百分比
高筋面粉	1000 克	100%
盐	25 克	2.5%
糖	120 克	12%
即发干酵母	10 克	1%
大鸡蛋	500 克	50%
全脂牛奶	240 克	24%
天然酵种	300 克	30%
波兰酵头	400 克	40%
无盐黄油	450 克	45%

蛋液

2 个大蛋黄

1 茶匙重奶油

制作波兰酵头。先在碗中加入面粉、水和即发干酵母，搅拌均匀。在温暖的室温（24 ~ 27℃）下静置 3 ~ 4 小时，或在冰箱中冷藏过夜。

制作天然酵种。将成熟的酵头放入碗中。按照第 27 页步骤 1 的说明，加入面粉和水喂养。

波兰酵头和天然酵种通过漂浮测试后，就可以使用了。将少量波兰酵头和天然酵种投入水中；如果两者都沉入水底，说明它们还不能使用，需要更长时间发酵。

在制作布里欧修面团之前约 30 分钟，将黄油从冰箱中取出，使其在室温下软化至可以揉捏的程度，同时又没有熔化。

制作布里欧修面团。在厨师机上安装和面钩，将面粉、盐、糖和即发干酵母依次放入搅拌缸中，之后加入鸡蛋、牛奶、天然酵种和波兰酵头，低速搅拌 3 ~ 5 分钟，至完全混合；中途停止搅拌，用硅胶刮刀刮下粘在缸壁的原料，再继续搅拌。将制作好面团在搅拌缸中静置 15 ~ 20 分钟。

随后，中高速搅拌面团 6 ~ 8 分钟，直到面团不粘搅拌缸缸壁。这表明面筋已经充分形成，可以加入黄油了。确保黄油已经软化，但仍是凉的，没有熔化。

将黄油切成 1 厘米见方的小块。将搅拌机调至中速，向搅拌缸中心、面团与和面钩接触的位置，放入黄油，一次一块。继续搅拌，直至黄油与面团完全混合。最后，面团光滑均匀，没有明显的黄油残块。

将面团转移到一个碗中，放在阴凉处（21℃）进行基础发酵，需 2 小时。在第一小时里，按照第 29 页步骤 5 的说明将面团折叠 2 次。第二小时，再折叠一次。这是一种非常“宽容”的面团。如果你想在第二天对面团进行整形，可在面团完成基础发酵后，将其放入密封容器，冷冻 3 ~ 5 小时，然后转移到冰箱冷藏室中放置一夜。如果要在同一天对面团进行整形和烘焙，请确保在阴凉处进行发酵，否则黄油会熔化，面团会油腻。

在给面团整形之前，先在模具上涂一层黄油。用面团刮板将面团从碗中取出，放在没有撒面粉的工作台上。用切面刀将面团切成 4 ~ 6 块。按照第 35 页步骤 6 的说明，给每个面团整形。

将整好形的面团放入模具中，在温暖的室温（24℃）下进行最终发酵，需 1.5 ~ 2 小时。

将烤箱预热至 230℃。

制作蛋液。在一个小碗中倒入蛋黄和重奶油，搅拌均匀。在每个面团表面刷上蛋液。烘焙 35 ~ 40 分钟，至面包呈金黄色。将面包脱模，放在冷却架上冷却。烤好的布里欧修应该很轻盈，并有黄油的焦香。

橄榄油布里欧修

这款布里欧修来自法国南部，曾经那里的橄榄油比黄油更容易买到。如果黄油布里欧修是一种风味浓郁的美味，那橄榄油布里欧修就是它晒过阳光的兄弟：浓郁的原产地风味。用橙花水调味虽然不是必要的，但是一种传统而好吃的做法，令面包更可口。

橄榄油的味道取决于你选择的橄榄油品种。我们喜欢在成品面包中品尝到橄榄油的味道，所以在塔汀面包房制作这款面包时，我们使用了味道浓郁的特级初榨橄榄油。这款布里欧修虽然味道特别，但与黄油布里欧修相比，二者的差异并不如想象中明显。在本书任何食谱中，橄榄油布里欧修都可以替代黄油布里欧修。制作好的布里欧修面团可当天烘焙，也可在冰箱中冷藏一夜；不用的面团可冷冻一周。

可制作 4 个布里欧修

布里欧修面团

原料	用量	烘焙百分比
波兰酵头	400 克	40%
天然酵种	300 克	30%
高筋面粉	1000 克	100%
盐	25 克	2.5%
即发干酵母	15 克	1.5%
大鸡蛋	500 克	50%
全脂牛奶	240 克	24%
蜂蜜	160 克	16%
橙花水	50 克	5%
特级初榨橄榄油	450 克	45%

蛋液

2 个大蛋黄

1 茶匙重奶油

黄油，用来涂抹在模具上

按照第 121 ～ 125 页布里欧修配方中的说明准备波兰酵头和天然酵种。

制作布里欧修面团。在厨师机上安装和面钩，将面粉、盐和即发干酵母依次放入搅拌缸中，之后加入鸡蛋、牛奶、天然酵种、波兰酵头蜂蜜和橙花水，低速搅拌 3 ～ 5 分钟，至完全混合；中途停止搅拌，用硅胶刮刀刮下粘在缸壁的原料，再继续搅拌。将制作好的面团在搅拌缸中静置 15 ～ 20 分钟。

随后，中高速搅拌面团 6 ～ 8 分钟，直到面团不粘搅拌缸缸壁。这表明面筋已经充分形成，可以开始加入橄榄油。将搅拌机调至中速，慢慢地倒入橄榄油，中途需要停下来让橄榄油融入面团中。最后，面团会变得光滑均匀。

将面团转移到一个碗中，放在阴凉处（21℃）进行基础发酵，需 2 小时。在第一小时里，按照第 29 页步骤 5 的说明将面团折叠 2 次。第二小时，再折叠一次。这是一种非常“宽容”的面团。如果你想在第二天对面团进行整形，可在面团完成基础发酵后，将其放入密封容器，冷冻 3 ～ 5 小时，然后转移到冰箱冷藏室中放置一夜。

在给面团整形之前，先在模具上涂一层黄油。用面团刮板将面团从碗中取出，放在没有撒面粉的工作台上。用切面刀将面团切成 4 ～ 6 块。按照第 35 页步骤 6 的说明，给每个面团整形。

将整形好的面团放入模具中，在温暖的室温（24℃）下进行最终发酵，需 1.5 ～ 2 小时。

将烤箱预热至 230℃。

制作蛋液。在一个小碗中倒入蛋黄和重奶油，搅拌均匀。在每个面团表面刷上蛋液。烘焙 35 ～ 40 分钟，至面包呈金黄色。将面包脱模，放在冷却架上冷却。烤好的布里欧修应该很轻盈，散发出橄榄油和橙花的芳香。

布里欧修的衍生配方

贝奈特饼

将布里欧修面团快速炸熟，蘸上柠檬糖霜，再撒上枫糖山核桃仁，就是贝奈特饼。这些都是我们塔汀面包房制作面包常备的原料。如果你已经准备好了布里欧修面团，那么制作就非常方便了。制作贝奈特饼只需预留 200 克面团。

可制作 12 个贝奈特饼

面团

中筋面粉（撒在面团表面）

200 克布里欧修面团（见第 121 页）

枫糖山核桃仁

2 汤匙枫糖浆

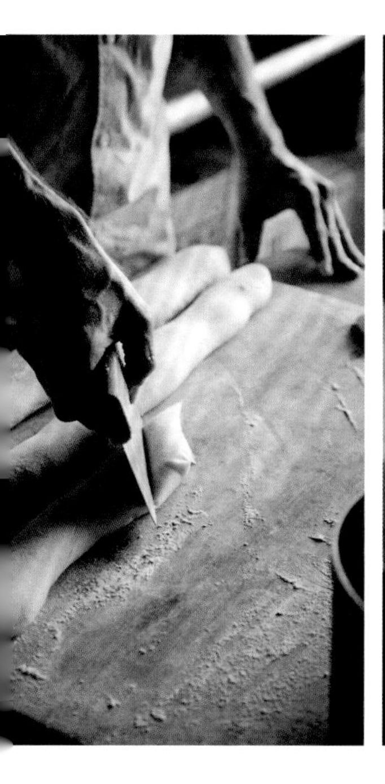

2 汤匙玉米糖浆

2 汤匙细砂糖

$\frac{1}{8}$ 茶匙盐

2 杯山核桃仁

柠檬糖霜

3 个柠檬的皮（刨成屑）和汁（约 $\frac{2}{3}$ 杯柠檬汁）

1 杯砂糖

$\frac{1}{2}$ 杯糖粉

用于油炸的橄榄油或红花籽油

在炸前约 2 小时给面团整形。在面团和工作台上撒少许面粉。将面团揉成直径约 1 厘米的圆柱体。如果感觉面团无法进一步拉伸，可将其静置 10 分钟后继续。将面团移到案板上，放在不通风的地方或用厨房毛巾盖住，进行最终发酵，需 1 ~ 2 小时，直到面团看起来松软膨胀。

同时，将烤箱预热至 200℃，开始制作枫糖山核桃仁。在有边烤盘中铺上不粘布或硅油纸。在碗中倒入枫糖浆、玉米糖浆、细砂糖和盐，搅拌均匀。加入山核桃仁，翻拌均匀。将山核桃仁均匀地铺在烤盘中。将山核桃仁烤至表面糖衣开始冒泡后，每隔几分钟搅拌一下，使糖衣均匀。大约 15 分钟后，糖浆变稠，气泡变小，这就表示山核桃仁烤好了。将山核桃仁取出，在烤盘上放至完全冷却。冷却后的山核桃仁应该是脆的。将其切碎。

制作柠檬糖霜。将柠檬皮屑、柠檬汁、砂糖和糖粉放入碗中，搅拌均匀。

在深平底锅中倒入 5 ~ 8 厘米深的油。中高火加热，直到油炸温度计显示油温为 190℃。

油炸面团时，最好将准备区布置成流水线的样子，这样可以安全高效地工作。在炉子附近放一个冷却架，架子下面铺一两层纸巾。你还需要一把漏勺来翻动贝奈特饼，并将其从油中捞出。将面团斜切成约 5 厘米长的小面团，或按你的喜好切成小面团，然后放在炉子附近。

小心地将 4 个面团放入热油中，炸约 1 分钟，至金黄色。给面团翻面，再炸约 1 分钟，至另一面金黄。

小心地将贝奈特饼从油中捞出，放到冷却架上。继续炸剩下的面团，随时检查油温。如果油温下降，需要留出几分钟时间，让油温恢复到 190℃。

当贝奈特饼冷却到可以用手拿时，将其蘸上柠檬糖霜，然后撒上切碎的枫糖山核桃仁，使其均匀地粘住。随着贝奈特饼继续冷却，糖霜会稍微变硬。可以热食或晾凉后食用。

咸肉布里欧修

我曾在旧金山轮渡大厦的一家餐厅品尝过阿马里尔·施韦特纳亲手制作的许多可口的面包，这款咸肉布里欧修就是其中之一。这款面包可以保存几天，最适合复烤一下，涂抹桃子酱或李子酱吃，或者像阿马里尔那样，蘸无花果酱吃也不错。将面包切开后烤一下，可以做成可口的煎蛋三明治。

可制作 2 个咸肉布里欧修

900 克布里欧修面团（见第 121 页）

230 克厚切烟熏培根或意大利培根，切丝

$\frac{3}{4}$ 杯榛子仁，烤熟后切碎

1 小束新鲜百里香，去梗

1 个橙子的皮

1 茶匙现磨胡椒粉

2 汤匙无盐黄油，熔化

制作好布里欧修面团后，在其进行基础发酵之前，先从搅拌缸中取出900 克。

将培根、榛子仁、百里香叶、橙子皮和胡椒粉放入大碗中，搅拌均匀，将其倒在面团上，用手和入面团。

将面团放在温暖的室温（约 27℃）下进行基础发酵，需 2 小时。按照第 29 页步骤 5 的说明，每一小时折叠一次面团。在 4 个直径为 10 厘米的高边环形模具内刷上熔化的黄油。在烤盘上铺上不粘布或硅油纸。将准备好的模具放在烤盘上。将面团转移到工作台上，分成 4 份，分别整为圆形，放入环形模具中。

把面团放在温暖的室温下（约 27℃）进行最终发酵，需 1.5 ~ 2 小时。

将烤箱预热至 220℃，放入面团烘焙 35 ~ 40 分钟，至其为金黄色。将面包脱模，放在冷却架上冷却。可以马上享用，或简单烤一下再食用。

咕咕霍夫

咕咕霍夫是法国阿尔萨斯地区一种传统的布里欧修，常作为庆典上的糕点。烘焙这种面包时，通常使用一个外层不上釉的咕咕霍夫模具。金属的中空蛋糕模具虽然不符合传统，但也非常适合。你可以现做现吃，也可以依照传统，在烘焙好一两天后食用。

可制作 1 个咕咕霍夫

900 克布里欧修面团（见第 121 页）

$\frac{1}{2}$ 杯醋栗干

1 杯杜松子酒或渣酿白兰地

1 杯切碎的杏干

$\frac{3}{4}$ 杯开心果，烤熟

$\frac{1}{2}$ 茶匙豆蔻粉

1 汤匙橙花水

$\frac{1}{2}$ 杯无盐黄油，熔化

12 颗杏仁

$\frac{1}{4}$ 杯糖粉

制作好布里欧修面团后，在其进行基础发酵之前，先从搅拌缸中取出900 克。提前一天将醋栗干放入小碗中，倒入准备好的烈酒。浸泡一夜后，将醋栗干沥干，保留浸泡液。

将醋栗干、杏干、开心果、豆蔻粉和橙花水放入大碗中，搅拌均匀，倒在面团上，用手和入面团。

在温暖的室温（约 27℃）下发酵约 2 小时。按照第 29 页步骤 5 的说明，每一小时折叠一次面团。将面团转移到工作台上，整为圆形。在咕咕霍夫模具中刷一些熔化的黄油，然后在其底部的折痕处各放一颗杏仁。在面团中心挖一个洞，将有接缝的一面朝上放入模具中。

将面团放在温暖的室温（约 27℃）下进行基础发酵，需 1.5 ~ 2 小时。

将烤箱预热至 220℃，放入面团烘焙 35 ~ 40 分钟，至咕咕霍夫呈金黄色。将咕咕霍夫脱模后放在冷却架上，趁热刷上熔化的黄油并撒上糖粉，再刷上浸泡液。如果要在一两天后食用，可以在咕咕霍夫冷却后，将它包起来，室温保存，在食用前再撒上一层糖粉。

可颂

法棍面团和可颂面团的原料几乎相同，但可颂面团用牛奶代替了水，并加入了少量糖。黄油被包裹在面团中，多次压叠，和面团层层交错。这个过程听起来很麻烦，实际操作起来却不麻烦，并且能做出你所期待的酥脆、轻盈、层次丰富的经典可颂。一个制作精良的可颂会让人驻足欣赏，赞叹一下眼前这个面包所展现的奇迹。

可制作 14 ~ 16 个可颂

波兰酵头

200 克中筋面粉

200 克水（24℃）

3 克即发干酵母

天然酵种

1 汤匙成熟酵头（见第 24 页）

220 克中筋面粉

220 克水（27℃）

可颂面团

原料	用量	烘焙百分比
全脂牛奶	450 克	45%
天然酵种	300 克	30%
波兰酵头	400 克	40%
高筋面粉	1000 克	100%
盐	28 克	2.8%
糖	85 克	8.5%
即发干酵母	10 克	1%
凉的无盐黄油	400 克	40%

$\frac{1}{2}$ 杯中筋面粉，用作铺面

蛋液

2个大蛋黄

1茶匙重奶油

制作波兰酵头。在一个碗中放入面粉、水和即发干酵母，搅拌均匀。在温暖的室温（24 ~ 27℃）下静置3 ~ 4小时，或在冰箱中冷藏一夜。

制作天然酵种。将成熟的酵头放入碗中，按照第27页步骤1的说明，加入面粉和水喂养。

波兰酵头和天然酵种通过漂浮测试后就可以用于制作面团了。将少量波兰酵头和天然酵种投入水中；如果两者都沉入水底，说明它们还不能使用，需要更长时间发酵。

在制作面团之前，先将牛奶从冰箱中取出，让它回温。

将牛奶倒入一个大盆中。加入天然酵种和波兰酵头，搅拌均匀。再加入面粉、盐、糖和即发干酵母。用手和面，直到没有干面粉残留。让面团静置25 ~ 40分钟。

按照第29页步骤4的说明将面团转移到一个透明容器中，让面团在温暖的室温（24 ~ 27℃）下进行基础发酵，需1.5小时。按照第29页步骤5的说明，每30分钟折叠一次面团。

将面团装入塑料袋，压成长方形，放入冰箱冷藏2 ~ 3小时。

将凉的黄油切成片，然后用擀面杖将这些黄油片压成一个大片。在压黄油片的过程中加入中筋面粉。我们希望黄油片的质地与面团的相同。这么做的目的是在不升温的情况下，使坚硬的凉黄油变得柔软。

将黄油压成20厘米 ×30厘米的长方形片后，放在一张不粘布或硅油纸上，使其保持低温。注意，不要让黄油片因温度过低而变硬，否则你将不得不再压一次。将黄油片保持在可擀开的程度，因为它将被擀得越来越薄，夹在一层层面团之间。

准备制作酥皮面团。先将面粉撒在工作台上，再将面团放在上面，擀成30厘米 ×50厘米的长方形。将面团横放，使长方形长边靠近自己。迅速将准备好的黄油片放在面团上（靠右侧放置）。像折信纸一样，将面团的左侧叠放在黄油片上，再将右侧的黄油片和面团一起叠放在左侧面团上。将面团翻转 90°，用手压一压，再次擀成 30 厘米 ×50 厘米的长方形。再次像折信纸一样压叠面团，注意保持面团边缘的平整无损。这是第一次压叠。

用不粘布或硅油纸将面团包好，放入冰箱冷藏 1 小时，让面团松弛后再进行第二次压叠。如果面团在冰箱中放置的时间过长，黄油就会变硬。如果出现这种情况，请取出面团，让它回温 15 分钟后再进行下一次压叠。

清洁工作台并撒上面粉。将面团放在上面，擀成 30 厘米 ×50 厘米的长方形。再次将长方形横放，然后像折信纸一样压叠面团，保持其边缘平整。这是第二次压叠。将面团放入冰箱冷藏 1 小时，使其松弛，且黄油不会变硬。

重复上述步骤，完成第三次压叠。你将得到一个大小约为 20 厘米 ×30 厘米、厚 5 厘米的长方形面团。用保鲜膜或硅油纸将面团包好，放入冰箱冷藏 1 ~ 2 小时。

如果你打算第二天早上再做可颂，可以将面团放在冷冻室中，等到睡觉前再将其转移到冷藏室。早上，你就可以擀开面团整形了。用防冻保鲜膜包裹面团，冷冻可以保存 3 天。记得在计划使用的前一天晚上将面团放入冷藏室。

在两个烤盘中铺上不粘布或硅油纸。将面团擀成 40 厘米 ×60 厘米、厚约 1 厘米的长方形。对半切开，使其变成两个 20 厘米 ×60 厘米的长方形面团，用刀分别将其切成 6 ~ 8 个大小相等的直角三角形。从最短的一条直角边开始，将每个三角形卷起。将卷好的面团放在准备好的烤盘上，间距至少 4 厘米。在温暖的室温（24 ~ 27℃）下进行最终发酵，需 2 小时。面团比原来大 50% 时，就可以烘焙了。它们将变得紧实而蓬松。

也可以延缓面团的最终发酵时间。如果你在晚上将面团整形完毕，想早上烘焙，可以将它们放在铺了不粘布或硅油纸的烤盘上，用保鲜膜松松地包住烤盘（防止面团表皮变干），然后放入冰箱冷藏。

将烤箱预热至 220℃。

制作蛋液。在一个小碗中加入蛋黄和重奶油，搅拌均匀。在每个面团的顶部刷上蛋液。烘焙约 30 分钟，至可颂呈深金黄色。烤好的可颂酥脆、层次分明。可以趁热食用，或放在烤盘上冷却后食用。如有需要，可重新加热食用。

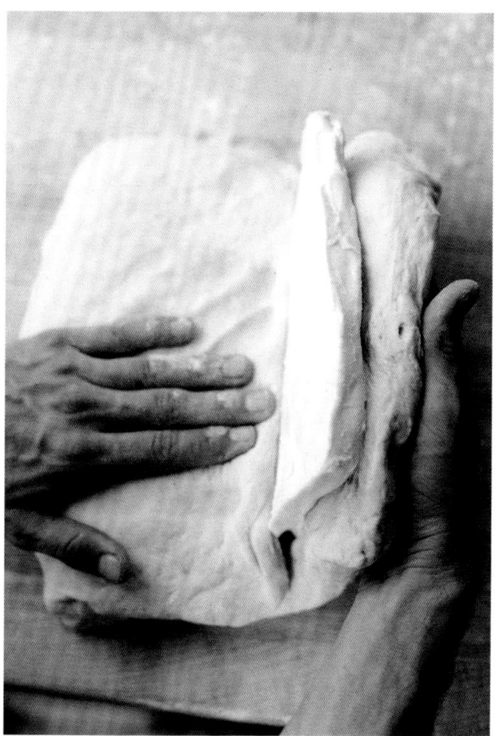

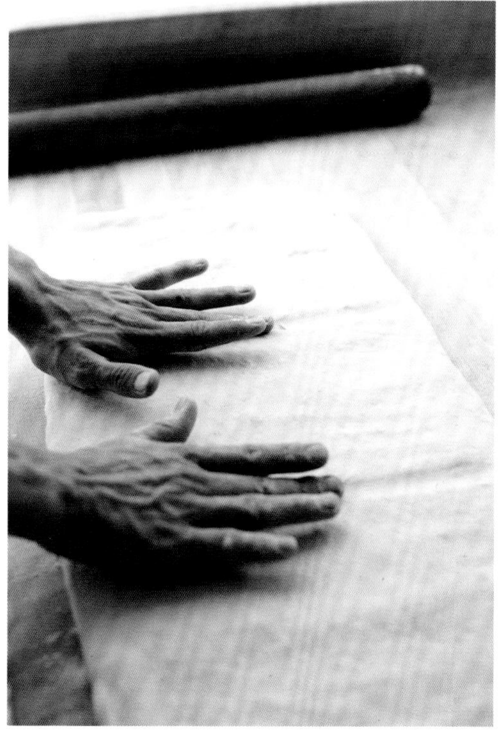

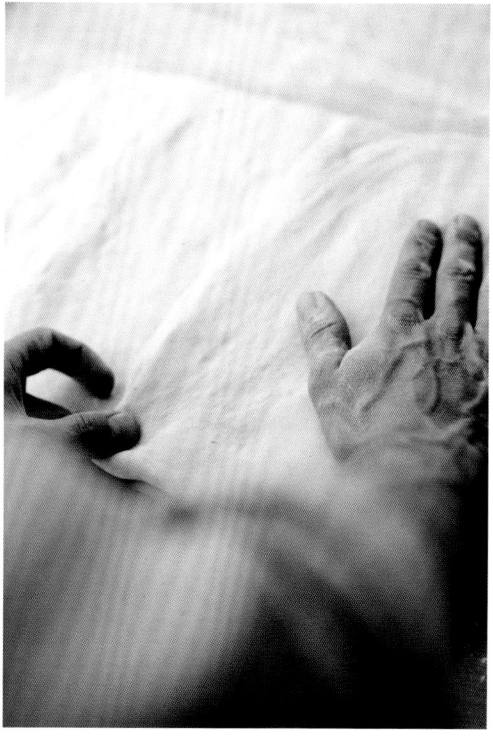

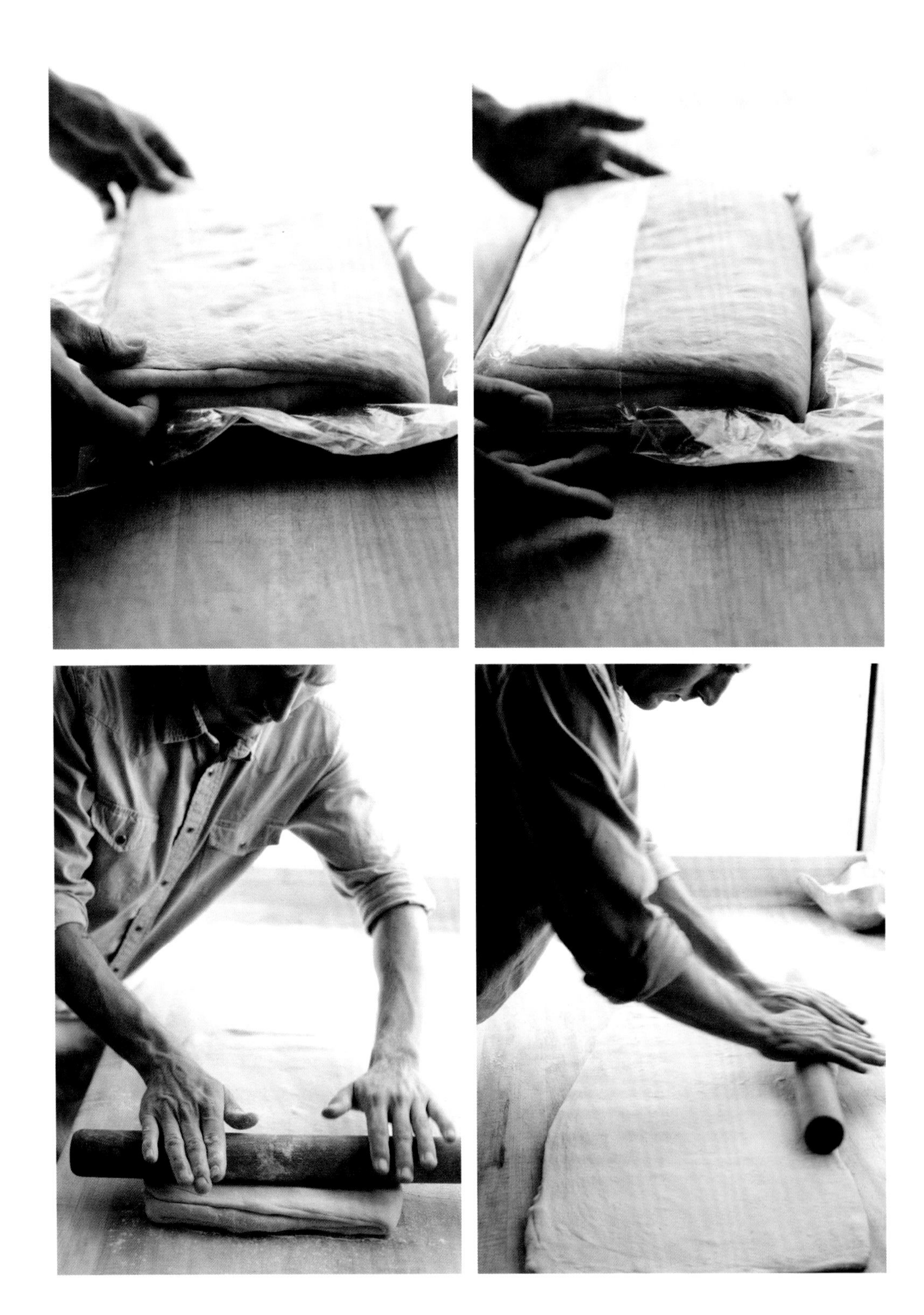

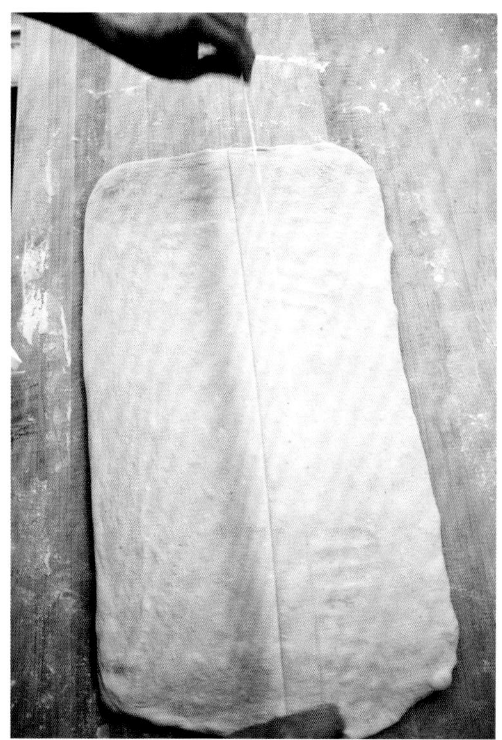
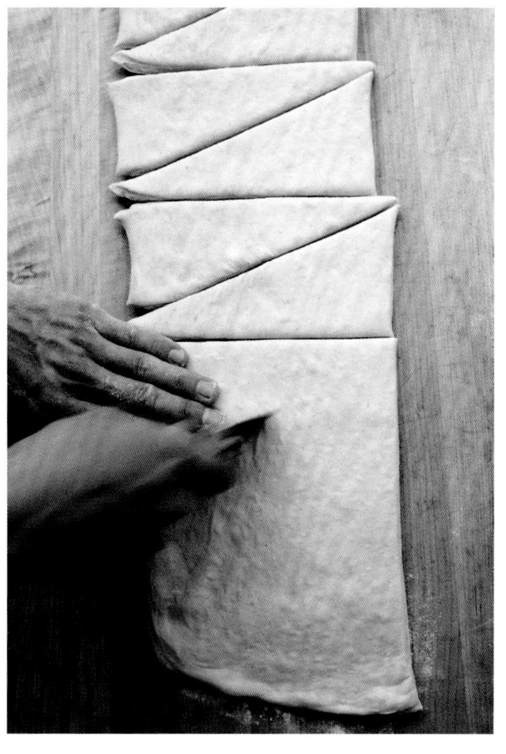

第四章

隔夜面包食谱

Days-Old Bread

丽莎、埃里克、纳特和我都是先学的西餐菜品制作，后来投向烘焙的怀抱，管理塔汀面包房厨房多年的梅丽莎·罗伯茨也是如此。

面包是我们的日常食物。我们喜欢吃刚出炉的热面包，准备晚餐时也把面包作为点心。在餐桌上它当然是必不可少的。我们早餐烤隔夜面包吃，午餐用面包做三明治。一个大面包通常要吃上几天。

在每个以面包为主食的地方，机智的厨师都会想方设法将面包融入菜肴中，不造成任何浪费。在这样悠久的传统中，隔夜面包的用途远不止做三明治和烤面包片。

本章中的30多个食谱是我们最喜欢的利用隔夜面包的方式。我们书中的所有面包都可以用来制作这些美味。也就是说，在这些食谱中你可以用任何你喜欢的面包。这些食谱源于我多年来吃过的东西，这些东西在我的记忆中被强化。许多经典食谱都是我以吃过的东西为基础，根据自己的口味改良的。

我们每天试验一个食谱。每天早上，我们都会讨论当天要制作的菜。当洛里或纳特制作面团时，我就去市场采购。面包房的工作进行到一半时，埃里克会离开，去准备当天的这道菜，以便大家试吃。在整好形的面团松弛期间，我们会讨论如何将这道菜呈现在书中。晚餐时，我们会吃当天的菜。如果不满意，第二天会重做。

漫长夏日的傍晚，埃里克仍然可以借助日光制作和拍摄菜品。纳特和我将面团整形完毕，喂养酵头，然后关灯闭店。

隔夜面包的用途无穷无尽，我们的新想法层出不穷。我们每天马不停蹄，忙碌了一季，一直做到了“麻烦”阿芙佳朵（见第 249 页），这似乎是我们这场盛宴的完美句点。

这些食谱只是一个起点。

新鲜蚕豆面包沙拉

开一瓶红酒，邀请你的朋友早点儿进厨房帮忙剥豆子。蚕豆准备好后，这道简单而好吃的沙拉就能很快完成。

油醋汁的量看似过多，但它既用来拌面包丁，也用来拌蔬菜。在做传统的意大利面包沙拉时，需要提前将隔夜面包浸泡在水中，再挤干水分，与其他原料拌匀。而我们使用的是油炸面包丁。面包丁与其他原料拌匀后，外皮就会稍稍变软，而内部仍保持松脆。

4 ~ 6 人份

1 个红洋葱，切成 0.6 厘米厚的片

$\frac{1}{2}$ 杯红酒醋

1800 克剥去豆荚的蚕豆（约 4 杯）

面包丁（见第 169 页），用 4 片隔夜基础乡村面包做

1 束薄荷叶，去梗

柠檬油醋汁

2 个柠檬的皮（刨成屑）和汁

1 茶匙糖

1 杯橄榄油

$\frac{1}{4}$ 茶匙盐

将洋葱放入碗中，倒入红酒醋。加入适量水，直到洋葱完全被淹没，静置 30 分钟。洋葱会稍微变软，并呈现明亮的粉红色。

先将一锅水煮沸。再在一个大碗里放入冰水。将蚕豆放入沸水中煮 1 分钟，捞出沥干后，放入冰水中。剥去蚕豆不透明的外皮。将蚕豆、面包丁和薄荷叶放入另一个碗中。将洋葱从红酒醋中取出，放入碗中。

制作柠檬油醋汁。在一个小碗中放入柠檬皮屑和柠檬汁、糖、橄榄油，搅拌均匀，一点点加入盐调味。将调好的油醋汁倒在沙拉上，翻拌均匀。静置 1 分钟后即可享用。

番茄意大利沙拉

番茄配上面包、烤洋蓟、黄瓜、巴马干酪，便是一道适合夏末时光的美食。被面包丁吸收的番茄油醋汁是这道快手沙拉的隐藏亮点。番茄籽散发着特有的香气，为沙拉酱增色不少。

4 ~ 6 人份

<u>烤洋蓟面包丁</u>

红酒醋或雪莉酒醋

900 克嫩洋蓟

6 汤匙橄榄油

适量盐

4 片厚切隔夜基础乡村面包（见第 24 页），撕成大块

110 克新鲜的巴马干酪

<u>番茄油醋汁</u>

4 个成熟的传家宝番茄

$\frac{1}{2}$ 个红洋葱，切成丁

3 汤匙红酒醋或雪莉酒醋

$\frac{1}{4}$ 茶匙盐

1 杯橄榄油

1 根水果黄瓜

1 束罗勒叶，去梗

将烤箱预热至 200℃。在一个大碗中倒入清水，加入适量红酒醋或雪莉酒醋。将洋蓟外面坚硬的叶子去掉，直到露出嫩心。将洋蓟纵向切成两半，放入醋水中。

沥干洋蓟，放入碗中，加入 3 汤匙橄榄油和少许盐拌匀。将洋蓟切面朝下放入大平底锅中。在同一个碗中，再用 3 汤匙橄榄油和一小撮盐拌匀面包块。将面包块放在洋蓟上，再在上面均匀刨一些巴马干酪，然后将平底锅放

入烤箱。烤 15 ~ 20 分钟，至洋蓟外脆里嫩，面包块呈深金黄色。

制作番茄油醋汁。将番茄横切成两半，把半个番茄放在一个小碗上方，轻轻挤压（就像挤橙子汁一样），挤出番茄籽。保留番茄果肉。在番茄籽中加入洋葱、红酒醋和盐，搅拌均匀，再拌入橄榄油。

将挤压后的番茄果肉切成 2.5 厘米见方的块。将黄瓜去皮，用果蔬刨或削皮刀将黄瓜纵向切成薄片。

将洋蓟、面包丁、番茄块、黄瓜和罗勒叶放入一个碗中。倒入油醋汁，搅拌均匀。静置 5 分钟后即可享用。

沙丁鱼鹰嘴豆泥配面包片

沙丁鱼罐头配烤面包片和冰啤酒是人们在长时间工作后非常乐意享用的晚餐。这里提供了另一种适合与沙丁鱼搭配的食材：新鲜鹰嘴豆泥。（虽然新鲜鹰嘴豆的上市时间很短，但值得一试。也可以用干鹰嘴豆代替新鲜鹰嘴豆。）

2 人份

鹰嘴豆泥

900 克剥好的新鲜鹰嘴豆（或 450 克干鹰嘴豆）

3 瓣大蒜（搭配新鲜鹰嘴豆）

1 茶匙烤孜然粒（搭配干鹰嘴豆）

3 汤匙中东芝麻酱

12 片新鲜薄荷叶（搭配新鲜鹰嘴豆）

1 个柠檬的汁

$\frac{1}{2}$ 茶匙盐

1 杯橄榄油

适量橄榄油

2 片新鲜或隔夜的全麦面包（见第 91 页）

1 个煮熟的鸡蛋

1 罐（100 克装）橄榄油浸沙丁鱼

$\frac{1}{2}$ 杯切碎的新鲜香菜

制作鹰嘴豆泥。新鲜鹰嘴豆需要煮一下。先将一锅水煮沸。再在一个大碗里放入冰水，放在炉子旁边。将鹰嘴豆和大蒜放入沸水中煮 2 分钟，捞出沥干后，放入冰水中冷却，然后再次沥干。如果用的是干鹰嘴豆，则需将孜然粒放在研钵中用杵捣碎。将干鹰嘴豆和孜然粒放入锅中，加水没过。煮沸后转小火，加盖（不要盖严）煮 2.5 ~ 3 小时，直到鹰嘴豆完全变软。捞出鹰嘴豆，沥干。

将鹰嘴豆、大蒜（如果使用新鲜鹰嘴豆）、中东芝麻酱、薄荷叶（如果使用新鲜鹰嘴豆）、盐、柠檬汁放入食物料理机中，搅打至顺滑。一边搅打，一边加入橄榄油，直到鹰嘴豆泥达到你想要的黏稠度。

在平底锅中倒入约 0.5 厘米深的橄榄油，中高火加热。放入面包片，煎约 3 分钟，至表面金黄。翻面，将另一面同样煎至金黄。

将煮熟的鸡蛋碾压过筛。在煎好的面包片上涂上鹰嘴豆泥，再放上沙丁鱼。用过筛的鸡蛋和切碎的香菜装饰后即可享用。

烤蔬菜杂烩

多道经典菜肴激发了我创作这道菜的灵感。在市场上逛了一上午后，我手上有了适合制作烤蔬菜杂烩的各种蔬菜。当时正逢夏末，很适合烧烤。虽然用大蒜、油和鳀鱼调制的热蘸酱似乎是理想的作料，但凉的鳀鱼酱更吸引人。埃里克和我把蔬菜放在热炭上烤熟，然后用鳀鱼酱拌匀。后来我了解到，在加泰罗尼亚的传统中，这种做法被称为escalivada，指的是炭火烤蔬菜。这种百搭的鳀鱼酱可以作为肉或鱼的酱汁，也可以与新鲜奶酪（如里科塔奶酪）搭配享用。

4 ~ 6 人份

1个大的罗莎比安卡茄子或圆茄子，纵向切成0.5厘米厚的片

3个西葫芦或其他夏南瓜，纵向切成0.5厘米厚的片

6个彩色甜椒，切半并去籽

1个红洋葱或黄洋葱，切成0.5厘米宽的丝

$\frac{1}{2}$杯橄榄油

4片厚切隔夜基础乡村面包（见第24页）或类似面包

鳀鱼酱

2瓣大蒜

6片橄榄油渍鳀鱼片

$\frac{1}{2}$杯核桃仁

$\frac{1}{2}$茶匙香菜籽

1个柠檬的皮（刨成屑）和汁

$\frac{1}{2}$杯橄榄油

1汤匙新鲜甘牛至叶

1茶匙新鲜百里香叶

$\frac{1}{2}$杯无花果干或新鲜无花果，切碎

适量盐和现磨胡椒粉

2个成熟的传家宝番茄，切成2.5厘米见方的大块

2 杯新鲜平叶欧芹叶和罗勒叶混合物

8 ~ 10 个新鲜无花果，切半（可选）

在烧烤炉中生火。在茄子、西葫芦、甜椒和洋葱上刷上适量橄榄油，烤 6 ~ 8 分钟，适时翻面，烤至蔬菜变软并略焦。将蔬菜取下，放在碗中。在面包片上刷上橄榄油，烤约 4 分钟，适时翻面，直到面包片酥脆并略带焦黄。将面包片切成两半，放在蔬菜碗中。

制作鳀鱼酱。将大蒜和鳀鱼放入研钵中，用杵捣成糊状。加入核桃仁和香菜籽，捣碎。将混合物倒入碗中，加入柠檬皮屑和柠檬汁、橄榄油、甘牛至叶、百里香叶和无花果干，搅拌均匀。用盐和胡椒粉调味。

将番茄、面包、欧芹、罗勒叶与烤蔬菜和新鲜无花果（如使用）一起摆放在盘子里，用勺子将鳀鱼酱淋在上面即可。

腌鳀鱼配意式香草酱

这种传统的意大利调味酱与西班牙青酱、意大利热蘸酱和希腊蒜蓉酱类似。意式香草酱是一种用途广泛的调味酱，在传统上与水煮的肉或其他食物一起搭配都非常好吃。在这个配方中，这种酱与腌鳀鱼一起搭配食用。在塔汀面包房，我们用博利纳斯黑鳕鱼、香菜花和嫩茴香茎一起制作这种调味酱。面包的加入让酱汁变得更加浓稠，风味更浓郁。

4 ~ 6 人份

腌鳀鱼

1 汤匙香菜籽

2 罐（55 克装）橄榄油渍鳀鱼片，沥干

1 个柠檬的皮（刨成屑）

适量红辣椒碎

$\frac{1}{2}$ 杯橄榄油

1 束用于装饰的香菜花（可选）

意式香草酱

2 杯撕成块的隔夜基础乡村面包（见第 24 页）

1 汤匙红酒醋或雪莉酒醋

$\frac{1}{2}$ 杯水

2 杯新鲜平叶欧芹叶，切碎

1 杯橄榄油

1 汤匙醋浸刺山柑花蕾

4 片橄榄油浸鳀鱼片

$\frac{1}{2}$ 茶匙盐

适量香菜花（可选）

制作腌鳀鱼。在一口小煎锅中，倒入香菜籽，中火加热 5 分钟，不时搅拌，直到闻到香气、香菜籽开始微微冒烟。将香菜籽倒入研钵中，用杵捣碎。将鳀鱼片放在盘子里，撒上柠檬皮屑、香菜籽和红辣椒碎。倒入足够淹没鱼片

的橄榄油，腌 4 小时或一整夜。

制作意式香草酱。将面包放入碗中，倒入红酒醋与水，搅拌均匀。让面包软化 5 ~ 10 分钟。将面包倒入搅拌机，加入欧芹叶、橄榄油、刺山柑花蕾、鳀鱼片和盐，搅拌成泥。如果酱汁太稠，无法搅拌均匀，可再加水，每次一勺。尝尝味道，必要时加盐调味。

用勺子将意式香草酱盛到盘子里，在上面摆上鳀鱼，用香菜花点缀。

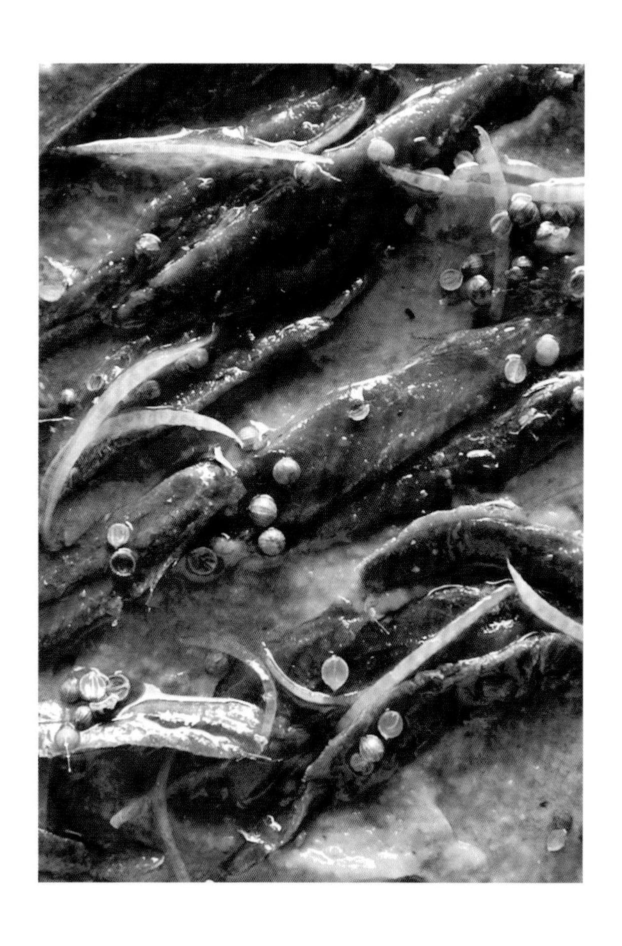

面包丁和面包糠

在雷伊斯角开始创业的前几年，我选择了用工业化前的生产方式——纯手工制作面包，并因此心力交瘁。有一天，我在面包房门缝里发现了一张手写的小纸条。这张纸条是艾丽斯·沃特斯写的。她称赞了我的工作，并对我的做法表示赞赏。艾丽斯是一位厨师、餐馆老板和作家，发起了著名的从“农场到餐桌”运动。自从我开始在厨房工作，她多次给予我“创作”灵感。而在我人生的关键时刻，她的纸条又给了我急需的鼓励。

在我创业早期，艾丽斯多次慷慨地向我提供建议和支持。在为本章研究食谱时，我想问问她能否向我传授一些她最喜欢的、使用隔夜面包的方法，希望她能告诉我一些我从未听说过的秘籍或家传配方。

“面包糠。在我们餐厅里，不浪费一丁点儿面包渣。”她指的是她于1971年创办的潘尼斯之家餐厅。

我花了一天时间才明白她的建议有多重要。起初，我想她可能太忙了，没有提出更有价值的建议。然后，我开始研究大量需要面包糠的食谱。无论是作为主要配料，还是作为菜的点缀，面包糠都是把老化的面包变成晚餐的最实用、最万能的食材。如果你有隔夜面包，你就可以制作一顿丰盛而实惠的晚餐。我后来发现在许多食谱中，面包糠都是必不可少的组成部分，它也成了我的最爱。

艾丽斯是一位具有远见卓识的引领者，她有效地促进了人们与食物之间的可持续关系：食物从哪里来、如何生长、如何烹饪，进一步改变了我们的饮食方式，让我们更接近食物的源头。她不止满足于改变大众的饮食习惯，还正在努力影响公立学校食品系统的变革。她对这些原则的坚持从未动摇。

面包糠……我早该想到才对。

面包丁和面包糠

3 片隔夜面包，每片 2.5 厘米厚，撕成约 4 厘米见方的小块

2 汤匙橄榄油

适量盐

$\frac{1}{2}$ 茶匙普罗旺斯香草（可选）

先将烤箱预热至 200℃。将面包块放入碗中，加入橄榄油和少许盐。如果使用香草，也在这个步骤中加入。将面包块均匀地铺在烤盘上，烤约 15 分钟，至金黄酥脆。如果面包丁上色不均，中途可翻动一下。

制作面包糠。用手或擀面杖将面包丁压成所需的粗细。如果想获得超细的口感，可以将面包糠过筛。还可以依个人喜好加入用橄榄油炒过的干香草。

蒜蓉蛋黄酱和红甜椒酱

蒜蓉蛋黄酱的基础做法是将大蒜和盐磨成糊状，再加入橄榄油、柠檬汁。为了让酱汁更浓稠，我喜欢加入蛋黄和面包。红甜椒酱是一种用红甜椒调味的蛋黄酱，红甜椒使其从金黄色变成深褐色。这两种酱都可与海鲜、肉类和蔬菜搭配，还可用于汤的调味或装饰。

可制作 1 杯

<u>蒜蓉蛋黄酱</u>

1 瓣大蒜，切碎

1 个柠檬的皮（刨成屑）和汁

$\frac{1}{4}$ 茶匙盐

1 个蛋黄

1 杯橄榄油

1 片隔夜基础乡村面包（见第 24 页）

<u>红甜椒酱</u>

1 个红甜椒，烤熟去皮，去籽

$\frac{1}{2}$ 茶匙红辣椒碎

1 份蒜蓉蛋黄酱

制作蒜蓉蛋黄酱。将大蒜、柠檬皮屑和盐放入研钵中，用杵捣成糊状。加入蛋黄和 $\frac{1}{2}$ 茶匙柠檬汁。用杵用力持续搅拌混合物，同时分次一点儿一点儿地加入橄榄油。在加入一半橄榄油后，酱汁应呈奶油状且光滑细腻，这是乳化稳定的标志。继续搅拌，缓慢地加入剩余的橄榄油。橄榄油加得越多，酱汁就越浓稠。剩余的柠檬汁可用来调味或稀释酱汁。将酱汁倒入碗中。将面包放入研钵中，加入 1 汤匙剩余的柠檬汁或水，用杵将其捣成光滑的糊状。倒入酱汁，搅拌均匀。放到碗中即可享用。

制作红甜椒酱。将红甜椒和红辣椒碎放入研钵中，用杵捣成糊状，加入蒜蓉蛋黄酱中，搅拌均匀，即可享用。

番茄烤面包

搭配番茄、特制火腿和硬质奶酪的烤面包是西班牙各地小吃店的夏日招牌菜。没有什么比这更有风味的了。当然，要选用最好、最成熟的番茄，煎面包时要用品质好的橄榄油。

1 人份

优质橄榄油

1 片新鲜的或隔夜的基础乡村面包（见第 24 页）

1 个柔软、成熟的传家宝番茄，横切成两半

1 片薄薄的干腌火腿，如塞拉诺火腿

1 片硬质陈年奶酪，如曼彻格奶酪

在小平底锅中倒入约 0.5 厘米深的橄榄油，用中高火加热。放入面包片，煎 3 分钟，至表面金黄。翻面，将另一面也煎至金黄。面包片粗糙的表面会成为一把天然的刨刀。将番茄的切面在面包片的一面摩擦，直到果肉磨碎，果汁和果泥填满面包片上的小孔。最后在面包上放上火腿和奶酪，即可享用。

夏末烤面包片

每年夏天，随着当季第一批番茄和嫩罗勒叶的到来，烤面包片与成熟番茄、罗勒叶、大蒜的组合又重出江湖了。夏日的丰收让厨师的灵感不停迸发，美味随之而来。

我们以传统的意大利配方为基础，借鉴附近墨西哥路边摊的做法——用辣椒、青柠和盐给新鲜水果调味，并按我们喜欢的口味调整比例。如果你在制作烧椒茄子烤面包片（见第 180 页）的同时也要制作烤面包片，那么你要先准备好茄子，以便有时间烘焙和腌制。在放上配料之前，先将面包片放入烤箱烘烤，或放入平底锅，在炉灶上用橄榄油煎炸。

可制作 6 片

6 片新鲜的基础乡村面包（见第 24 页）

适量橄榄油

用烤箱烤面包片时，先将烤箱预热至 200℃。将面包片放在烤盘上，如果有需要，可刷上橄榄油。烤 10 ～ 15 分钟，至面包片呈金黄色。

也可以把面包片煎一下。在大平底锅中倒入约 0.5 厘米深的橄榄油，放入面包片，用中高火煎约 3 分钟，至表面金黄。翻面，将另一面也煎至金黄。

番茄、甜瓜和辣椒烤面包片

柠檬油醋汁

2 个柠檬的皮（刨成屑）和汁

$\frac{1}{2}$ 茶匙糖，多备一些调味

1 杯橄榄油

适量盐

辣椒盐

4 个干辣椒

$\frac{1}{2}$ 茶匙盐

3 个成熟的传家宝番茄（约 450 克），切成 1 厘米见方的块

1 个成熟的甜瓜（约 450 克），去皮、去籽，切成 1 厘米见方的块

$\frac{1}{2}$ 杯新鲜罗勒叶，取一半撕碎

$\frac{1}{2}$ 杯新鲜薄荷叶，取一半撕碎

6 片烤好的基础乡村面包（见第 24 页）

制作柠檬油醋汁。在碗中放入柠檬皮屑和柠檬汁、糖、橄榄油，搅拌均匀。加入盐调味。

制作辣椒盐。将干辣椒放入小平底锅中，大火加热 3 分钟，中途用锅铲压一压。将干辣椒翻面，另一面同样用锅铲压一压，再加热 3 分钟。将干辣椒倒入研钵中；干辣椒冷却后会变脆。在研钵加入盐，用杵将干辣椒捣碎。

在碗中放入番茄、甜瓜、罗勒叶和薄荷叶。倒入几勺柠檬油醋汁。将混合物舀在烤面包片上，撒上辣椒盐，即可享用。

西葫芦和豌豆烤面包片

4 个（约 900 克）西葫芦或其他夏南瓜

适量盐

450 克甜豌豆（约 1 杯）

$\frac{1}{2}$ 个成熟的甜瓜，去皮、去籽，切成 1 厘米见方的小块

$\frac{1}{2}$ 杯新鲜薄荷叶，取一半撕碎

柠檬油醋汁（见第 178 页）

6 片烤好的基础乡村面包（见第 24 页）

170 克新鲜巴马干酪

用刨丝器或宽的蔬菜削皮器将西葫芦纵向刮成细条，放入碗中，加入少许盐，搅拌均匀，静置 5 ~ 10 分钟。新鲜的西葫芦比较脆，盐会使它们析出一些水分，口感变得更加柔韧。

在西葫芦中加入豌豆、甜瓜和薄荷叶，再加入几勺柠檬油醋汁调味。

用勺子将混合物舀到烤好的面包上。用奶酪刨将巴马干酪刨一些在烤面包片上，即可享用。

烧椒茄子烤面包片

6 片烤好的基础乡村面包（见第 24 页）

雪莉酒醋汁

$\frac{1}{2}$ 个红洋葱

$\frac{1}{2}$ 杯雪莉酒醋

$\frac{1}{2}$ 杯醋栗干

2 汤匙糖

$\frac{1}{4}$ 茶匙盐

$\frac{1}{2}$ 杯橄榄油

烤茄子

3 个小茄子（约 450 克）

适量橄榄油

适量盐

$\frac{1}{2}$ 杯新鲜罗勒叶，取一半撕碎

烧辣椒

1 汤匙橄榄油

12 个帕德龙辣椒

一小撮盐

制作雪莉酒醋汁。将洋葱切成纸似的薄片，放入碗中，加入雪莉酒醋、醋栗干、糖和盐拌匀。静置 5 分钟，至洋葱片变成亮粉色。再加入 $\frac{1}{2}$ 杯橄榄油。

制作烤茄子。将烤箱预热至 200℃。在烤盘上铺上硅油纸或不粘烤布。将茄子纵向切成 0.6 厘米厚的片。在每片茄子的两面刷上适量橄榄油，平铺在烤盘上，撒上适量盐。烤约 20 分钟，至茄子片非常软。待茄子片冷却后，将其放入浅盘中。在茄子片上铺上罗勒叶，淋上雪莉酒醋汁。腌约 30 分钟。

制作烧辣椒。平底锅中放入橄榄油，大火加热。油开始冒烟时放入帕德龙辣椒，不要移动。约 1 分钟后用锅铲给辣椒翻面，另一面再煎 1 分钟。加盐调味。将烤茄子和烧辣椒舀到面包上，待酒醋汁浸湿面包即可享用。

拉克莱特奶酪面包

拉克莱特奶酪（raclette）始于瑞士瓦莱州，但在法国萨瓦地区也很流行。丽莎和我在法国阿尔卑斯山的帕特里克·勒波尔的萨瓦面包房工作时，曾做过许多令人难忘的深夜盛宴。这些由面包师精心准备的盛宴，往往持续到晨光初露时才结束。

我们在炉火前的石板上放半个圆形的拉克莱特奶酪，让它慢慢熔化。用一种类似锄头的特制工具刮下软化的奶酪，将它涂抹在面包上。拉克莱特既是奶酪的名称，也是这种传统餐饮常见的名字，raclette 一词的词源 *racler* 就有“刮”的含义。这种奶酪传统上与烤土豆、腌菜、味道辛辣的芥末酱、腌肉和萨瓦葡萄酒一起享用。

在户外，你可以像萨瓦地区的牧羊人世代相传的那样做：生一堆篝火，把一块干净、平整的石头靠近火堆，然后在上面放上一块奶酪，使其切面朝向火堆。待奶酪慢慢熔化后，将其刮起，涂在烤面包上。

每人大约需 170 克奶酪

沙丁鱼香草沙拉面包片

新鲜沙丁鱼是一种季节性美食。每当沙丁鱼上市时，我们都会买很多。烤沙丁鱼配上拌好的茴香和蒜蓉蛋黄酱，是一道简单快捷的美食。为了能在接下来的数周内享用沙丁鱼，我们会将沙丁鱼切片腌渍。刚腌好的沙丁鱼配上烤面包和牛油果泥是最受欢迎的小吃。用橄榄油煎炸沙丁鱼骨，可以做成香脆可口的小食。我们在塔汀面包房的香草沙拉中使用的蔬菜，是我们的朋友布鲁克在小城市花园种的，这个地方离面包房很近。

4 ~ 6 人份

腌沙丁鱼

12 条新鲜沙丁鱼

$\frac{1}{2}$ 个红洋葱，切成 0.3 厘米宽的条

3 个柠檬的皮（刨成屑）和汁

$\frac{1}{2}$ 杯糖

1 汤匙盐

1 杯橄榄油

1 个橙子，横切成 0.3 厘米厚的片

$\frac{1}{4}$ 杯新鲜甘牛至叶，取一半撕碎

油醋汁

2 汤匙橄榄油

2 茶匙香槟醋

$\frac{1}{2}$ 茶匙切碎的红葱

适量盐和现磨胡椒粉

香草沙拉

1 杯芝麻菜

$\frac{1}{4}$ 杯新鲜平叶欧芹叶

$\frac{1}{4}$ 杯新鲜香菜叶和花

$\frac{1}{4}$ 杯新鲜罗勒叶

$\frac{1}{4}$ 杯新鲜细叶香芹叶

$\frac{1}{4}$ 杯切碎的茴香叶

$\frac{1}{4}$ 杯切碎的马齿苋

$\frac{1}{4}$ 杯向日葵花瓣

适量橄榄油

3 片隔夜基础乡村面包（见第 24 页），每片约 2.5 厘米厚

将沙丁鱼剖开，从腹部一直剖到尾部。将鱼去除内脏，在流动的水下冲洗干净。从鱼尾开始，用手指将鱼肉与脊骨分离。当鱼骨松动时，捏住鱼尾，向上提拉至鱼头处，将鱼骨从鱼肉中取出。将鱼肉从中间切成两片，然后将每片鱼肉的边缘清理干净。保留鱼骨，以便煎炸。

将洋葱放入碗中，再放入柠檬皮屑和柠檬汁，静置约 5 分钟。加入糖、盐和橄榄油，搅拌均匀。在浅盘中铺上一半的沙丁鱼片、橙子片和甘牛至叶，浇上一半的柠檬橄榄油。再重复一遍操作步骤，将剩余的沙丁鱼片、橙子片、甘牛至叶和柠檬橄榄油放入。几分钟后，鱼就腌好可以吃了。鱼腌制时间越长，就越入味。你可以将腌好的沙丁鱼带着汁液，放入有盖的盒子里，在冰箱中冷藏，这样可以保存一周。在汁液中放置的时间越长，甘牛至叶和橙子的味道就越浓，沙丁鱼的肉质就越紧实。

制作油醋汁。在小碗中放入橄榄油、香槟醋和红葱，搅拌均匀。加入盐和胡椒粉调味。

制作香草沙拉。在碗中放入芝麻菜、欧芹叶、香菜叶和花、罗勒叶、香芹叶、茴香叶、马齿苋和向日葵花瓣。倒入油醋汁，搅拌均匀。

在大平底锅中倒入约 0.5 厘米深的橄榄油，中高火加热。放入面包片，煎约 3 分钟，至表面金黄。翻面，将另一面也煎至表面金黄。

在小平底锅中倒入 $\frac{1}{2}$ 杯橄榄油，中高火烧热。油热后，每次放入两根沙丁鱼骨，炸 2 ~ 3 分钟。从油中捞出，撒盐调味。

将沙丁鱼与香草沙拉放在煎好的面包片上，与熟牛油果泥和水晶牌辣椒酱搭配，是非常受欢迎的组合。

蟹肉三明治

这款三明治的灵感来自有史以来最伟大的三明治——龙虾卷，这是我们在西海岸的版本。我们使用的是原产于太平洋的珍宝蟹，这种蟹从秋季开始上市，一直持续到春季。将酱料涂抹在烤得酥脆的可颂上，你就能品尝到与众不同、令人垂涎欲滴的美味。

4 人份

340 ~ 450 克新鲜的珍宝蟹肉，挑去蟹壳碎片

1 根小黄瓜，去皮、去籽并切成小丁

1 把细叶香芹，去梗

1 束龙蒿叶，去梗

1 个柠檬的皮（刨成屑）

2 汤匙蛋黄酱

1 茶匙整粒芥末籽酱

1 茶匙亚麻籽，轻度烘焙

4 个可颂（见第 136 页），上下对半切开，并烘烤

在碗中放入蟹肉、黄瓜、香芹、龙蒿叶和柠檬皮屑，搅拌均匀。在小碗中放入蛋黄酱和芥末籽酱，混合均匀，与亚麻籽一起放入蟹肉混合物中，小心翻拌均匀。用勺子将蟹肉混合物舀到每个可颂的下半部分。盖上可颂的上半部分，即可享用。

海湾虾三明治

这款三明治在塔汀面包房的早午餐菜单上很受欢迎，是蟹肉三明治的平替，价格不贵，味道也不错。

4 人份

$\frac{1}{2}$ 个小宝石生菜

$\frac{1}{2}$ 个柠檬

340 ~ 450 克煮熟的海湾虾

$\frac{1}{2}$ 杯切碎的球茎茴香

$\frac{1}{2}$ 杯切碎的茴香叶

$\frac{1}{2}$ 杯切碎的芹菜茎

$\frac{1}{2}$ 杯切碎的芹菜叶

2 汤匙蛋黄酱

1 汤匙法式酸奶油

2 汤匙鳟鱼鱼子酱

4 个可颂（见第 136 页），一切为二并复烤

适量盐

将生菜切成细丝。用刀将半个柠檬切成薄片。在碗中放入生菜丝、柠檬片、虾、球茎茴香、茴香叶、芹菜茎和叶，搅拌均匀。再在碗中放入蛋黄酱和法式酸奶油，混合均匀。最后在碗中放入鳟鱼鱼子酱，小心翻拌均匀，用勺子将其舀到每个可颂的下半部分。盖上可颂的上半部分，即可享用。

羽衣甘蓝凯撒沙拉

我们才华横溢的厨师朋友伊格纳西奥·马托斯让我们体验到了生吃羽衣甘蓝叶的美妙。在这里，我们使用的是拉齐纳多羽衣甘蓝（又叫恐龙羽衣甘蓝或托斯卡那羽衣甘蓝）。风味浓郁的绿色蔬菜与调味大胆的酱汁，是冬季面包沙拉的完美搭配。这道凯撒沙拉好吃又健康，你可以尽情享受。

4 ~ 6 人份

凯撒沙拉酱

2 个柠檬

3 瓣大蒜

6 片橄榄油浸鳀鱼片

1 个大蛋黄

适量盐

2 杯橄榄油

900 克拉齐纳多羽衣甘蓝，去掉中间的梗，撕碎

面包丁（见第 169 页），用 4 片隔夜基础乡村面包制作

$\frac{2}{3}$ 杯磨碎或刨碎的陈年巴马干酪

制作凯撒沙拉酱。先取 1 个柠檬，把皮刨成碎屑，再将 2 个柠檬对半切开。将大蒜、鳀鱼片和柠檬皮屑放入研钵中，用杵捣成浓稠的糊。加入蛋黄、少许盐和柠檬汁，搅拌均匀。继续搅拌，缓慢分次倒入 $\frac{1}{2}$ 杯橄榄油。酱汁应呈奶油状且光滑细腻，这是乳化稳定的标志。继续搅拌，缓慢地倒入剩余的橄榄油。酱汁应该会变稠。中途不时停下来，加入一点儿柠檬汁。试试酱汁的味道，根据个人口味调整盐和柠檬汁的用量。最后加一点儿水，每次一小勺，搅拌酱汁，使其达到重奶油的黏稠度。

在大碗中放入羽衣甘蓝和面包丁。将凯撒沙拉酱倒在上面，翻拌均匀。撒上巴马干酪，再次翻拌均匀，即可享用。

普罗旺斯烤番茄

虽然这道经典菜肴经常被当作小菜，但每年夏天品种繁多的传家宝番茄打破了这一规则，让这款美味在我们的餐桌上占据了重要位置。

4 ~ 6 人份

4 个中等大小的成熟传家宝番茄（约 900 克），横向切成两半

橄榄油

盐

面包糠

2 片隔夜基础乡村面包（见第 24 页），每片约 2.5 厘米厚

1 汤匙普罗旺斯香草

1 个柠檬的皮（刨成屑）

$\frac{3}{4}$ 杯磨碎的陈年巴马干酪

3 汤匙橄榄油

将烤箱预热至 240℃。将番茄切面朝上，放在烤盘上。在番茄切面上淋上橄榄油，并用盐调味。烤约 15 分钟，至番茄切面开始微微焦化。

制作面包糠。将面包片放入食物料理机中，搅拌成细细的面包糠。加入香草、柠檬皮屑、巴马干酪和橄榄油，用料理机点动挡搅拌均匀。

将番茄从烤箱中取出，用勺子舀适量调味面包糠放在番茄切面上。再将番茄放回烤箱，烤大约 15 分钟后，即可享用。

清汤冻配士兵面包

在炎热的夏日午后，去纽约东村加布丽埃勒·汉密尔顿开设的梅子餐厅享用一碗清汤冻，简直是一种至高享受。大多数人只是从过去的烹饪书上的照片中了解清汤冻，但这种失传的高级菜肴值得重现。浓浓的鸡汤是这道菜成功的关键……这样的鸡汤既能增添菜的风味，又含有足够的明胶，冷却后能凝固。晶莹剔透的清汤冻慢慢熔化在温热的面包上。尝一口，令人心满意足。任何烤面包都可以，温的最好。士兵面包是指切成统一大小的面包条，像士兵一样笔直挺立。

4 ~ 6 人份

浓鸡汤

2 汤匙橄榄油

1 个黄洋葱，切碎

3 根胡萝卜，去皮后切碎

2 根芹菜，粗粗切碎

1 只鸡，约 1300 克，去内脏，洗净并去除鸡油

6 个鸡爪，冲洗干净

4 个鸡腿，冲洗干净

6 枝新鲜百里香

1 片月桂叶

$\frac{1}{4}$ 茶匙盐

适量橄榄油

4 片新鲜或隔夜基础乡村面包（见第 24 页），每片约 2.5 厘米厚

用味道温和的新鲜香草，如酸模、细叶香芹、龙蒿叶、茴香叶、芹菜叶或嫩罗勒叶作为装饰

制作鸡汤。在锅中倒入橄榄油，用中火加热。加入洋葱和胡萝卜，翻炒约 10 分钟，至轻微焦糖化。加入芹菜，继续翻炒 5 分钟。加入鸡、鸡爪、鸡

腿、百里香、月桂叶、盐和3800毫升水。慢慢煮至水沸腾，撇去浮沫。继续小火慢炖约1.5小时，不盖锅盖，不时撇去浮沫。

将鸡、鸡腿和鸡爪从锅中取出，留作他用，比如制作成鸡肉沙拉。将鸡汤用细滤网滤入大金属碗中。将碗放入冰水中，搅拌使鸡汤冷却。鸡汤冷却后，油脂会浮到上面。撇出表面的油脂，留作他用。将鸡汤倒入干净的锅中，大火煮沸。将火调为小火，不盖锅子煮1小时，直到鸡汤收为原来的一半。再次将鸡汤过滤到金属碗中，将碗放入冰水中，搅拌使鸡汤冷却。将鸡汤倒入长方形玻璃盘或搪瓷盘中，深度为1 ~ 2厘米即可。盖上盖子，将其放入冰箱冷藏一夜。将剩余的鸡汤留作汤底；将鸡汤盖起来，冷藏最多可保存3天。

食用前，在大平底锅中倒入约0.5厘米深的橄榄油，中高火加热。放入面包片，煎约3分钟，至表面金黄。翻面，将另一面也煎至金黄。将煎好的面包片切成约1厘米宽的面包条。

将清汤冻倒在案板上，切成1 ~ 2厘米见方的小方块，摆放在冰镇的盘子里。用香草装饰，与士兵面包一起上桌。

白色西班牙冷汤

在西班牙，冷汤的起源与面包一样古老。罗马文献中记载的“可饮用的食物”，是将隔夜面包、酒醋和橄榄油制成的冷浓汤。在西班牙封建社会，冷汤是农民的主要食物。

西班牙各地的冷汤有着各自独特的风味（且随季节变化）。以面包和大蒜为主要原料的白色西班牙冷汤的历史比西班牙人到达美洲后出现的番茄冷汤还要悠久。传统上，红色西班牙冷汤也是用面包来增稠。用红色西班牙冷汤来点缀白色西班牙冷汤是一种巧妙的折中方法。

4 ~ 6 人份

白色西班牙冷汤

900 克生杏仁

2 瓣大蒜

4 片隔夜基础乡村面包（见第 24 页），每片约 1.5 厘米厚

6 杯水

$\frac{1}{2}$ 茶匙盐

1 杯橄榄油

$\frac{1}{4}$ 杯雪莉酒醋

$\frac{1}{4}$ 杯柠檬汁

红色西班牙冷汤

2 杯樱桃番茄，切碎

2 杯无籽红葡萄，切碎

1 根水果黄瓜，去皮后切丁

2 汤匙橄榄油

1 汤匙雪莉酒醋

$\frac{1}{4}$ 茶匙盐

适量现磨胡椒粉

$\frac{1}{4}$ 杯新鲜薄荷叶，切碎

制作白色西班牙冷汤。将一锅水煮沸，放入生杏仁和大蒜煮 2 分钟，捞出沥干。如果想制作纯白色的汤，可在生杏仁冷却后去掉外皮，同时也去掉面包表皮。将一半的生杏仁和大蒜放入搅拌机，再加入一半的面包、水和盐。高速搅拌，直到混合物变得浓稠光滑。倒入一半的橄榄油，再次搅拌。将冷汤用滤网滤入一个大碗中。

用剩余的生杏仁、大蒜、面包、水、盐和橄榄油重复上述步骤。最后，加入雪莉酒醋和柠檬汁，搅拌均匀，冷汤的黏稠度应该如重奶油一般。如果太稠，可再加入一些水。必要时加盐调味。将汤放入冰箱冷藏 3 ~ 4 小时。

制作红色西班牙冷汤。在碗中放入番茄碎、红葡萄碎和黄瓜丁。加入橄榄油、雪莉酒醋、盐、胡椒粉和薄荷叶搅拌均匀。

上菜时，用勺子将冷却的白色西班牙冷汤盛入浅碗中，再淋上几勺红色西班牙冷汤。

西班牙传统大蒜汤

大蒜汤是西班牙古王国卡斯蒂利亚喜欢的一道经典菜肴。与西班牙冷汤一样，西班牙各地对这种汤的做法也不尽相同，但都是以大蒜和面包为基本原料。大多数版本都用全蛋或蛋黄作为最后一步的配料。你可以提前制作鸡汤和面包丁，这样大蒜汤很快就可以制作完成。面包丁在汤汁中短暂炖煮后，会有一种柔软的嚼劲，而蛋黄会让汤汁更浓郁。

4 ~ 6 人份

950 毫升浓鸡汤（见第 195 页）

3 汤匙橄榄油

1 头大蒜，切碎

$\frac{1}{2}$ 杯干白葡萄酒

2 茶匙西班牙红椒粉

面包丁，用 3 片基础乡村面包制作（见第 165 页）

切碎的新鲜平叶欧芹，装饰用

4 ~ 6 个大鸡蛋的蛋黄

将鸡汤倒入深锅中，用中高火煮沸后关火。

再在大平底锅中倒入橄榄油，中高火加热。当油烧热但尚未冒烟时，放入大蒜，将火调成中小火，翻炒 30 秒 ~ 1 分钟，至大蒜呈浅金黄色。倒入干白葡萄酒，边煮边搅拌，直至葡萄酒蒸发完毕。放入辣椒粉，与大蒜一起翻炒 1 分钟。

将面包丁放入锅中，倒入热鸡汤。煮沸后小火慢炖 2 分钟，将锅离火。用勺子将蛋黄舀到表面，撒上欧芹叶，即可享用。

法式洋葱汤

这个食谱最初源自最常见的速食汤。将厨房常备的洋葱在鸭油或黄油中煎一下，用来制作咸味汤，可用面包给汤增稠。在这里，我们同时使用了鸭油和黄油，并加入了奶油。奶油浸透了洋葱，为汤增添了风味。在汤汁浓缩的过程中，残留的牛奶固形物会和洋葱一起焦糖化。

4 人份

6 个大黄洋葱，切成 0.5 厘米宽的丝

1 杯重奶油

1 汤匙无盐黄油

1 汤匙鸭油

1 茶匙盐

2 杯干白葡萄酒

1900 毫升浓鸡汤（见第 197 页）

4 片隔夜全麦面包（见第 91 页），每片厚 1 ~ 2 厘米

140 克格鲁耶尔奶酪，磨碎

将洋葱、奶油、黄油、鸭油和盐放入一个约 3 升的锅中，中火加热约 10 分钟，不时搅拌，直至洋葱变软并呈半透明状。调节火力，使洋葱混合物慢慢沸腾。将洋葱平摊在锅底，将火稍微调大，此时不要搅拌，加热 6 分钟，直到锅底开始出现褐色物质。用木勺搅拌洋葱，刮起锅底的褐色物质。再倒入 $\frac{1}{2}$ 杯葡萄酒搅拌，以使仍粘在锅底的褐色物质松动。然后，继续在不搅拌的情况下加热约 6 分钟，直到锅底再次出现褐色物质。再次用木勺刮起褐色物质，并倒入另外的 $\frac{1}{2}$ 杯葡萄酒，使仍粘在锅底的褐色物质松动。再重复此过程两次，直到洋葱呈深焦糖色。倒入鸡汤，用中火煮沸，再加热约 15 分钟，至焦糖洋葱充分入味。必要时加盐调味。

将烤箱预热至 200℃。在烤盘中铺上面包片。烤约 15 分钟，至面包片干燥松脆。将汤舀入耐热碗中，与碗沿齐平。在每个碗中放一片烤好的面包片，撒上格鲁耶尔奶酪。将碗移到烤盘上，小心地放入烤箱。烤 20 ~ 30 分钟，直到奶酪起泡并呈焦糖色，即可享用。

法式火腿黄油三明治

火腿、黄油、面包——这种组合的三明治在法国各地的车站和超市随处可见。在巴黎的葡萄酒馆里你也可以找到这种组合的高级版本，它们可以作为搭配葡萄酒的简餐或下午点心。像切奶酪一样切下软黄油，涂在面包上，再将火腿切成薄片放在涂有黄油的基础乡村面包（见第 24 页）上即可。尽可能用最好的火腿。

法国尼斯三明治

这款三明治是将尼斯沙拉夹在面包中，非常适合在海滩上度假或长途徒步旅行时享用。如果提前一天准备，面包会因吸收一晚的酱汁而变软，味道也会随着沙拉酱的浸泡而更醇厚。

我第一次品尝这种法式金枪鱼沙拉三明治，是在和丽莎去法国里维埃拉戛纳的一座小岛——圣奥诺雷岛一日游的时候。这座小岛以面包师和甜品师的守护神圣奥诺雷命名。在码头旁，一位渔民模样的当地人开了一家卖金枪鱼三明治的小店。他用我们从科林面包房带来的一整个面包，做了一个大三明治。我们在可以俯瞰大海的露台上度过了一个下午，一边看书，一边在阳光下吃着这个巨大的三明治。

金枪鱼可以提前几天用水煮熟，然后用油封的方式放在密闭容器中，保存在冰箱里即可；也可以用优质的金枪鱼罐头代替。

4 人份

<u>油封金枪鱼</u>

900 克新鲜金枪鱼鱼片，在室温下切成厚片

适量盐

适量橄榄油

3 瓣大蒜

3 个干辣椒

3 枝百里香

3 枝甘牛至叶

3 个吉卜赛辣椒

<u>橄榄酱</u>

2 杯去核切碎的尼斯橄榄

1 个柠檬的皮（刨成屑）和汁

1 茶匙新鲜百里香叶

$\frac{1}{4}$ 茶匙红辣椒碎

6 ~ 8 片油浸鳀鱼片，沥干水分

2 瓣大蒜，切碎

2 汤匙醋浸刺山柑花蕾，沥干后切碎

1 茶匙雪莉酒醋

2 汤匙橄榄油

3 个吉卜赛辣椒

1 或 2 根法棍（见第 102 页），上下对半切开

1 个柠檬，切成像纸一样的薄片

1 罐（115 克装）醋浸刺山柑花蕾，沥干

225 克芝麻菜

制作油封金枪鱼。将金枪鱼片紧密地平铺在平底锅中，加入盐调味。倒入橄榄油，浸没金枪鱼片。在研钵中用杵将大蒜捣碎后，与辣椒、百里香和甘牛至叶一起放入锅中。将平底锅用最小火加热，至油温热。红色的鱼肉变成粉灰色时，就表明鱼肉已经熟了。继续用小火加热 5 分钟。将锅离火，静置 15 分钟。让金枪鱼在油中冷却。金枪鱼浸泡在锅内的油中，可冷藏保存 1 周。

将烤箱预热至 240℃。将吉卜赛辣椒放在烤盘中，烤 20 ~ 25 分钟，至表皮起泡变黑。将辣椒装入纸袋，静置约 8 分钟。辣椒会出水，表皮变软。待辣椒冷却后，去掉烤焦的皮、蒂和籽。将辣椒放入碗中，用盐调味，并淋上橄榄油。

制作橄榄酱。将橄榄、柠檬皮屑和柠檬汁、百里香叶、红辣椒碎、鳀鱼片、大蒜、刺山柑花蕾和雪莉酒醋放入食物料理机中，用点动挡搅打成糊状，加入橄榄油调味。

将一根法棍纵向对半切开，在切面上涂上橄榄酱。将金枪鱼从油中取出，用叉子捣碎，均匀地铺在面包上。在鱼上铺上烤过的吉卜赛辣椒、柠檬片和刺山柑花蕾。最后，放上适量芝麻菜，因为三明治会被压得很紧，所以可以多放一些芝麻菜。三明治可以做好立即享用；也可以先用牛皮纸包住，再用保鲜膜包好，放在两个烤盘之间，在上面压上重物，静置至少一小时。重力挤压会让面包更入味；如果需要，也可冷藏一夜。

克拉丽斯肉丸三明治

塔汀面包房的常规菜品不会用到牛肉馅，但每月都会有一袋牛肉馅被放入我们的冷藏间。每当这时，我们就知道梅利莎·罗伯茨又要做她母亲克拉丽斯做的肉丸三明治了。她会在蒜香浓郁的意大利青酱中加入芝麻菜，为滋味浓厚的肉丸和酱汁增添了清新的口感。

1 份

意大利青酱

$\frac{1}{4}$ 杯切碎的大蒜

$\frac{1}{4}$ 杯新鲜平叶欧芹叶，切碎

$\frac{1}{4}$ 杯新鲜罗勒叶，切碎

$\frac{1}{2}$ 杯芝麻菜，切碎

$\frac{1}{4}$ 杯松子，碾碎

3 汤匙橄榄油

2 汤匙磨碎的巴马干酪

2 茶匙柠檬汁

$\frac{1}{4}$ 茶匙盐

肉丸

2 汤匙橄榄油

1 个大的白洋葱，切碎

450 克牛肉馅，脂肪含量至少为 20%

450 克猪肉馅

4 个大鸡蛋

1 杯全脂牛奶

1 杯磨碎的罗马诺干酪

$\frac{1}{4}$ 杯干红葡萄酒

2 杯面包糠（见第 169 页），用隔夜基础乡村面包或法棍制作

1 束平叶欧芹，去梗，把叶切碎

$1\frac{1}{2}$ 茶匙盐

$\frac{1}{2}$ 茶匙胡椒粉

$\frac{1}{4}$ 茶匙红辣椒碎

番茄酱

3 瓣大蒜，切碎

2 罐（450 克装）番茄丁

1 个基础乡村面包（见第 24 页）或法棍（见第 102 页），纵向切为两半

225 克波罗夫洛干酪，切片

制作意大利青酱。将大蒜、欧芹叶、罗勒叶、芝麻菜、松子、橄榄油、巴马干酪、柠檬汁和盐放入食物料理机中，用点动挡搅打成糊状。酱汁可提前两天制作并冷藏保存。

制作肉丸。在大平底锅中倒入橄榄油，中小火加热。放入洋葱，炒约 15 分钟，至洋葱半透明并开始上色。将锅离火，待其冷却。将白洋葱、牛肉馅、猪肉馅、鸡蛋、牛奶、干酪、葡萄酒、面包糠、欧芹、盐、胡椒粉、红辣椒碎放入大碗中，用手搅拌均匀。将肉馅捏成杏子大小的丸子。

用中火加热大平底锅。分批放入肉丸，使其间距约 1 厘米，煎约 2 分钟，无须翻动。待肉丸完全变色、能在锅中轻轻晃动时翻面，继续将肉丸各面煎至焦黄。重复上述操作步骤，继续将剩余的肉丸煎熟。

制作番茄酱。将平底锅中的油倒掉，中火加热。放入大蒜，翻炒约 2 分钟。加入番茄丁并用木勺搅拌，刮起锅底的褐色物质。将番茄丁煮沸后转小火，将肉丸放回锅中炖煮 20 分钟。

将烤箱预热至 180℃，将意大利青酱涂抹在面包上半部分的切面上。用勺子将肉丸和酱汁舀到下半部分的切面上，上面放上波罗夫洛干酪片，然后再盖上面包的上半部分。用铝箔将三明治松松地包起来。烤约 25 分钟，至奶酪熔化，面包变脆。静置 10 分钟，然后拆开包装，切开即可享用。

越南三明治

法国殖民者把法棍和法式肉酱带到了越南；越南人创造了自己的三明治。在越南法国面包房里点三明治时，你需要说明你喜欢的馅料。这个配方是为了向玛丽·潘致敬，她是一位歌舞演员和甜点烘焙师。当我在得克萨斯州的四季酒店开始做第一份厨房工作时，她是我的主管。她建议我不要从事厨房工作，说我“不适合”。她为我做了第一个越南法棍三明治，用的都是从酒店面包房和烤肉厨房淘来的上等食材。

这个三明治使用了本书中另外两个食谱的剩余食材。上菜时，你可以把这些食材摆在桌子上，让大家自己动手装配三明治。在这个食谱中，从约翰·索恩的食谱中改编的特制蒜味鱼露不容错过——它是展现这款三明治正宗风味的要素。

4 ~ 8 人份

腌菜

3 杯红酒醋

3 杯水

$\frac{1}{2}$ 杯糖

2 汤匙盐

1 个红洋葱，切成 0.5 厘米宽的丝

1 束小胡萝卜，去皮，纵向切成火柴棒粗的丝

1 束樱桃萝卜，切成薄片

绿蒜蓉蛋黄酱

1 束罗勒叶，去梗

1 束香菜，切碎

2 杯快手蒜蓉蛋黄酱（见第 172 页）或优质美乃滋

3 瓣大蒜（如使用美乃滋）

2 个青柠的汁

1 个墨西哥辣椒或塞拉诺辣椒，去籽

1 茶匙盐

蒜味鱼露

4 瓣大蒜

3 个青柠的皮和汁

1 茶匙辣椒油

2 汤匙越南鱼露

1 ~ 2 根新鲜出炉的或隔夜的法棍（见第 102 页），每根纵向切半，再分成 4 等份，烘烤一下

12 片意式脆皮猪肉卷（见第 241 页）或 285 克冷切肉片，如摩泰台拉香肚或头肉冻

面包师肥肝（见第 238 页）

2 个青柠，切成四瓣

制作腌菜。在大碗中放入红酒醋、水、糖和盐，搅拌均匀。加入洋葱、小胡萝卜和樱桃萝卜，静置至少 30 分钟。蔬菜会稍微变软，颜色也会变得更鲜艳。

制作绿蒜蓉蛋黄酱。将 1 杯罗勒叶和 1 杯香菜放入搅拌机中。剩下的香草留作装饰。加入蒜蓉蛋黄酱或美乃滋、大蒜（如果使用美乃滋）、青柠汁、辣椒和盐，搅打至均匀光滑。如果蛋黄酱看起来太稠，可以加一汤匙水。

菜品上桌前再制作蒜味鱼露。将大蒜放入研钵，用杵将大蒜捣成糊状。加入青柠汁和皮，再次捣成糊状。加入辣椒油和越南鱼露，搅拌均匀。

将腌菜、绿蒜蓉蛋黄酱、蒜味鱼露和装饰香菜摆放在碗中。将烤好的法棍和意式脆皮猪肉卷、面包师肥肝一起摆放在盘子里。按自己的喜好组装三明治，并用香草和青柠汁调味。

帕纳德

帕纳德是一道经典法式菜肴，基本做法是干面包加水或鸡汤烹煮，直到面包吸收所有汤汁。汤中还可以加入香草和熏肉，以及根茎类蔬菜、卷心菜、油菜等蔬菜，来为整道菜增加风味。与通常刚出炉就可食用的鸡蛋面包布丁不同，帕纳德在第二天或第三天才会凝固并呈现最佳形态。食用时，将其切成楔形，再淋上奶油，重新加热。这种美味在重新加热后要比刚出炉时更美观。

4 ~ 6 人份

6 汤匙无盐黄油

2 根韭葱，只用白色部分，切碎

6 杯全脂牛奶

适量盐

4 片隔夜基础乡村面包（见第 24 页），每片约 2.5 厘米厚

1 个小奶油南瓜（约 450 克），去皮、去籽，切成 0.5 厘米厚的片

1 束拉齐纳多羽衣甘蓝，去梗

1 个花椰菜（约 700 克），修剪后切成约 1 厘米厚的片

225 克芳提娜奶酪，切成薄片

重奶油（可选）

将烤箱预热至 190℃。在平底锅中放入 1 汤匙黄油，中火加热至熔化。加入韭葱炒 5 分钟，再加入 2 杯牛奶、剩下的 5 汤匙黄油和 2 茶匙盐，煮沸后关火。

在 5 升的深厚底锅中，铺上 2 片或更多的面包。将南瓜片均匀铺在面包上，倒入 2 杯热牛奶混合物。再铺上剩下的 2 片面包，然后铺上羽衣甘蓝。在羽衣甘蓝上铺上花椰菜片。锅内食材若放不下，可以压一压。

将剩余的 4 杯牛奶倒入锅中，快倒至锅边时停止，加盐调味。将锅盖上锅盖或铝箔，送入烤箱烤 30 分钟。打开锅盖，铺上奶酪，再盖好烤约 20 分钟，至液体被面包吸收，奶酪熔化并呈金棕色。放凉的帕纳德表面是干的。

帕纳德可立即享用；冷藏可保存 3 天。重新加热时，可将其切成楔形，分别放入耐热碗中，淋上 $\frac{1}{4}$ 杯重奶油，在预热至 190℃的烤箱中烤 15 ~ 20 分钟。

荨麻蛋饼

荨麻为浓绿色，茎上长满刺毛，容易刺伤人，有别于其他绿叶蔬菜。将荨麻炒一下或放入沸水中焯一下，就能迅速使刺软化。荨麻中铁、钙和蛋白质的含量异常高，人们通常认为荨麻的味道与菠菜的类似，但有更多的泥土味和青草味。在研究传统隔夜面包食谱时，我读到了关于西西里岛经典美味蛋饼的介绍。我们把这道菜品想象成一种煎蛋卷，以粗面包糠、荨麻和鸡蛋为原料，再用橄榄油煎炸，食用时配上简单的番茄酱。如今这款意式蛋饼已经成为我们店上等的美食。

制作这道菜需要大约 225 克的荨麻叶，最好用荨麻叶铺满平底锅。由于生的荨麻叶会刺痛皮肤，所以需要戴手套处理。

1 ~ 2 人份

3 汤匙橄榄油

约 225 克荨麻叶

面包丁（见第 169 页），用 3 片隔夜基础乡村面包制作，再制成粗面包糠

1 个鸡蛋

$1\frac{1}{2}$ 杯番茄酱（见第 229 页）

适量盐和现磨胡椒粉

1 块柠檬

在直径为 30 厘米的厚平底锅中放入 1 汤匙橄榄油，中火加热。油热但未冒烟时，放入荨麻叶。将平底锅离火，趁热翻炒约 2 分钟。待荨麻叶完全变软后，从锅中取出，切碎。在碗中放入荨麻叶、面包糠和鸡蛋，充分搅拌，使面包糠和荨麻叶都裹上蛋液。

在直径 15 厘米的平底锅中放入剩余的 2 汤匙橄榄油，中火加热。油热后，放入荨麻混合物，在平底锅中均匀铺满。煎约 2 分钟，至边缘变脆。将煎蛋饼对折，再煎 30 秒，移至盘中。

将番茄酱倒入平底锅，大火加热。小心地将蛋饼放入酱中，加热 30 秒。用盐和胡椒粉调味，挤上柠檬汁即可享用。

蒜蓉汤

蒜蓉汤是一道既是食物又是饮品的营养汤，在法国西南部地区很常见。人们会根据当地和当季的食材制作不同的汤。这道面包汤制作便捷，可在一天的清晨或中午享用，也可以作为下午茶点。最简单的蒜蓉汤是将洋葱在普通的食用油或鹅油中炸一下，然后用水煮沸，浇在隔夜面包上，再放上一个用醋调味的煎鸡蛋。在这个食谱中，鸡汤取代了水。蒜蓉汤再配一份蔬菜就成了一顿饭。

2 人份

$\frac{1}{4}$ 杯加 2 汤匙橄榄油（也可以用提炼过的鸭油或鸡油）

1 束嫩胡萝卜，去皮，纵向切成两半

2 个黄洋葱，分别切成 4 瓣

1 束羽衣甘蓝，去梗

950 毫升浓鸡汤（见第 197 页）

2 个大鸡蛋

适量盐和现磨胡椒粉

红酒醋

3 片隔夜全麦面包（见 92 页）或基础乡村面包（见第 24 页），撕成大块

在大平底锅中倒入 2 汤匙橄榄油，中高火加热。放入胡萝卜和洋葱，切面朝下。将火调为中火，煎 5 ~ 8 分钟，不翻动，至洋葱略微焦糖化。翻动蔬菜，确保洋葱另一切面也朝下，煎 5 ~ 8 分钟，至焦糖化。加入羽衣甘蓝和鸡汤，煮沸。转小火煮 10 分钟。

在小平底锅中倒入 $\frac{1}{4}$ 杯橄榄油，大火加热。当油温热还未冒烟时，将鸡蛋打入锅中，不要弄碎蛋黄。煎 2 ~ 3 分钟，小心地用勺子舀一些热油浇在鸡蛋上，以煎熟上面。小心地倒掉多余的油，用盐、胡椒粉和醋为鸡蛋调味。

将撕碎的面包和蔬菜放在耐热碗中。将热汤浇在面包和蔬菜上。放上煎好的鸡蛋，即可享用。

鹰嘴豆汤

一天深夜，我在一部旅游纪录片中瞥见了突尼斯工人的早餐——鹰嘴豆汤。一张大桌子上摆放着许多碗，碗中放有鹰嘴豆、香料、腌鱼和干面包。工人们自带餐具，随意选择了一些碗里的东西。最后，他们在碗里浇上一勺热汤，再放上一个软软的水煮蛋。切莫拉酱是一种当地的酱汁，可以与任何食物搭配，是这道汤的点睛之笔。

2 人份

6 杯浓鸡汤（见第 197 页）

煮鹰嘴豆

900 克去壳新鲜鹰嘴豆或 450 克干鹰嘴豆

1 茶匙孜然粒（搭配干鹰嘴豆）

1 个黄洋葱，切碎（搭配干鹰嘴豆）

2 茶匙盐（搭配干鹰嘴豆）

哈里萨辣酱

1 个吉卜赛辣椒

4 个干辣椒

1 汤匙孜然粒

1 茶匙茴香籽

1 茶匙香菜籽

8 瓣大蒜，切碎

$\frac{1}{4}$ 茶匙盐

$\frac{1}{2}$ 杯橄榄油

切莫拉酱

2 个红葱头，切碎

2 个柠檬的皮和汁

2 瓣大蒜，切碎

1 杯新鲜薄荷叶，切碎

1 杯新鲜香菜叶和茎，切碎

1 汤匙香菜籽，烤后磨碎

3 汤匙孜然粒，烤后磨碎

1 汤匙红甜椒粉

3 个塞拉诺辣椒，去籽并切碎

$\frac{1}{2}$ 杯橄榄油

面包丁（见第 169 页），用 6 片隔夜基础乡村面包或全麦面包制成

225 ~ 340 克油封金枪鱼（见第 207 页）或 2 罐（170 克装）橄榄油浸金枪鱼，沥干

$\frac{1}{2}$ 茶匙盐

4 ~ 6 个鸡蛋

3 汤匙孜然粒，烤后磨碎，用于调味（可选）

按配方准备鸡汤；可依照喜好，省略鸡爪。

如果使用新鲜的鹰嘴豆，可先在锅中加入 1900 毫升的水煮沸，再放入鹰嘴豆煮 2 分钟，沥干。如果使用干鹰嘴豆，将鹰嘴豆、孜然粒、洋葱和盐放入锅中，加入 1900 毫升水。煮沸后转小火，盖上锅盖（不要盖严），煮 2 ~ 3 小时，直到鹰嘴豆完全变软。将锅离火，但豆子不必沥干。

制作哈里萨辣酱。将烤箱预热至 240℃。将吉卜赛辣椒放在烤盘中，烤 20 ~ 25 分钟，至表皮起泡变黑。将吉卜赛辣椒装入纸袋中，静置约 8 分钟，吉卜赛辣椒会出水，表皮变软。待吉卜赛辣椒冷却后，去掉烤焦的皮、蒂和籽，切成段。将干辣椒放入小平底锅中，大火加热 3 ~ 5 分钟，中途用锅铲压一压。将干辣椒翻面，另一面同样用锅铲压一压，再加热 3 ~ 5 分钟。将干辣椒放入研钵。干辣椒冷却后会变脆。用中火加热同一口平底锅，放入孜然粒、茴香籽和香菜籽，翻炒 6 ~ 8 分钟，直至闻到浓郁的香气。将锅中原料放入研钵中，用杵捣碎。再加入吉卜赛辣椒、大蒜和盐，捣成浓稠的糊。在平底锅中倒入橄榄油，中高火加热至开始冒烟。关火后，小心地倒入辣椒糊（注意，辣椒糊会冒泡并溅出），用木勺轻轻搅拌均匀。让辣椒酱在平底锅中冷却，然后盛入碗中。

制作切莫拉酱。将所有原料放入食物料理机，用点动挡位搅打成粗糙的糊状。

在上菜前，将鸡汤倒入汤锅中，中高火煮沸后，保温。将鹰嘴豆沥干，再与面包丁、切莫拉酱、金枪鱼分装到餐碗中。

在汤锅中加入 1900 毫升水煮沸。加入 $\frac{1}{2}$ 茶匙盐，将火调小。将鸡蛋打入小碗中，小心不要搅散蛋黄。将碗靠近沸水并倾斜，使鸡蛋滑入水中。煮至鸡蛋浮出水面，时间约 2 分钟。用漏勺将鸡蛋从水中捞出。

将热鸡汤舀入碗中。在每个碗中放一个荷包蛋，用一勺哈里萨辣酱点缀。用孜然粉调味后即可享用。

意大利蔬菜卷

这是一种用肉片、鱼片或蔬菜叶裹有馅料的卷，而馅料通常含有面包糠。根据食谱的不同，这道菜品可以冷吃，也可以像这个食谱中一样蘸酱烘焙。在意大利南部，使用隔夜面包是为了教导人们不要浪费食物——这是对辛苦工作的面包师的尊重。

4 ~ 6 人份

<u>番茄酱</u>

1 个黄洋葱，切碎

1 根胡萝卜，去皮切碎

3 汤匙橄榄油

1 罐（85 克装）番茄酱

3 瓣大蒜，切碎

1 茶匙红辣椒碎

1 罐（450 克装）整个番茄

红酒醋

适量盐

<u>馅料</u>

面包糠（见第 169 页），用 4 片隔夜基础乡村面包、全麦面包或粗粒小麦面包制成

2 杯全脂里科塔奶酪

1 个柠檬的皮（刨成屑）和汁

1 茶匙新鲜百里香叶

$\frac{1}{4}$ 茶匙盐

2 ~ 3 个中等大小圆茄子

适量盐

适量橄榄油

1 杯重奶油

$\frac{1}{2}$ 杯磨碎的阿齐亚戈干酪

制作番茄酱。在深平底锅中放入洋葱、胡萝卜和 2 汤匙橄榄油，中高火加热 10 分钟，炒至蔬菜变软。加入剩下的 1 汤匙橄榄油和番茄酱，炒 6 ~ 8 分钟，不时搅拌，直到番茄酱变成深红色。加入大蒜和红辣椒碎，再加热 2 分钟。加入整个番茄，调至大火，煮沸。转小火慢炖 20 分钟，用木勺将番茄捣碎。用红酒醋和盐调味。

炖煮番茄酱的同时，还可制作馅料。在碗中加入面包糠、里科塔奶酪、柠檬皮屑和柠檬汁、百里香、盐，搅拌均匀。

切掉每个茄子的蒂部。用刨刀将茄子沿纵向刨成 0.5 厘米厚的片，刨 12 片即可。在茄子片的两面撒上盐，将它们放在滤盆中，静置 1 小时。挤出茄子中的水分，用厨房纸巾擦干茄子。在一口深平底锅中倒入约 2.5 厘米深的橄榄油，加热至 180℃。可用油炸温度计测量油温。将 3 ~ 4 片茄子片放入热油中，炸 3 ~ 4 分钟，直至茄子片变色。用夹子夹起茄子片，放入滤盆中沥油。重复上述步骤处理剩下的茄子片。

将烤箱预热至 220℃。将番茄酱倒入中型烤盘中。在每片茄子的一端放一勺馅料。用茄子片卷起馅料，将接缝处朝下，放在烤盘的番茄酱上。在每个茄子卷上淋一汤匙奶油，使其湿润。烤 20 ~ 25 分钟，至烤盘边上的酱汁颜色变深，茄子卷呈焦糖色。最后，用阿齐亚戈干酪装饰。

咸味面包布丁

这款咸味布丁具有舒芙蕾的所有优点，而且制作方便，烘焙后甚至可以与舒芙蕾相媲美。你可以提前一天准备好这道菜的原料，然后放入冰箱冷藏。制作之前从冰箱取出，待其达到室温后，再进行烘焙。需在食用前一小时烘焙。我们使用的蘑菇是鸡油菌和牛肝菌。

4 ~ 6 人份

1 汤匙无盐黄油

2 根韭葱，取白色部分，切碎

$\frac{1}{2}$ 杯干白葡萄酒

适量橄榄油

900 克蘑菇（鸡油菌和牛肝菌），去蒂，菌盖切半

1 棵特雷维索红菊苣或其他菊苣，将叶子一片片剥下来

卡仕达酱

5 个大鸡蛋

$\frac{1}{2}$ 茶匙盐

1 杯重奶油

1 杯全脂牛奶

$\frac{1}{4}$ 茶匙现磨胡椒粉

$\frac{1}{4}$ 茶匙现磨肉豆蔻

2 茶匙新鲜百里香叶

$\frac{2}{3}$ 杯擦碎的格鲁耶尔奶酪或切达干酪

85 克烟熏火腿，切碎

2 片隔夜基础乡村面包（见第 24 页），撕成大块

$\frac{1}{2}$ 杯擦碎格鲁耶尔奶酪或切达干酪

在平底锅中放入黄油，中火加热至熔化。放入韭葱，炒 6 ~ 8 分钟，至变软。加入葡萄酒，煮约 5 分钟，不时搅拌，直至大部分葡萄酒蒸发。将锅离火。

在平底锅中倒入橄榄油，使其铺满锅底，大火加热。油冒烟后，将蘑菇切面朝下放入平底锅中，煎约 1 分钟，至其焦糖化，中途不要搅拌。翻动蘑菇，加入菊苣，加热约 1 分钟，至其变软。调味后将锅离火。

将烤箱预热至 190℃。

制作卡仕达酱。在碗中加入鸡蛋和盐搅拌均匀。加入重奶油、牛奶、胡椒粉、肉豆蔻、百里香叶、奶酪和火腿，搅拌均匀。

将面包块放入一个直径 20 厘米的舒芙蕾烤碗中，放入韭葱、蘑菇和菊苣。倒入卡仕达酱，直到接近烤盘边缘。均匀撒上奶酪。静置 8 ~ 10 分钟，直到酱汁完全浸透面包。

放入烤箱，烤约 50 分钟，至卡仕达酱中心不再流动。出炉后将布丁静置 15 分钟后即可享用。

汉堡包

市面上有数不清的好吃的汉堡包，但最好吃的汉堡包对面包品质有很高的要求。这款汉堡包包含了很多我们喜欢的元素：肉饼用草饲牛肉制成，放在大小刚好的现烤面包上，上面堆满了配料。制作酸黄瓜再快捷不过了。番茄酱增添了熟悉的味道，酸甜平衡。薯条和香草是汉堡包的最佳搭档。在烤肉饼的同时，你可以请朋友帮忙炸薯条。你可以提前 3 天烘焙面包，制作焦糖洋葱和番茄酱。

6 人份

汉堡包坯

6 个布里欧修面团（见第 121 页），每份约 115 克

2 个大蛋黄与 1 汤匙重奶油，混合均匀

1 汤匙亚麻籽

1 茶匙芝麻

焦糖洋葱

2 汤匙无盐黄油

2 个红洋葱，切成 0.5 厘米宽的丝

$\frac{1}{2}$ 茶匙盐

1 汤匙雪莉酒醋

樱桃番茄酱

170 克风干西班牙香肠，切碎

1 个红葱，切碎

450 克樱桃番茄

1 茶匙新鲜甘牛至叶

1 茶匙新鲜百里香叶

$\frac{1}{2}$ 杯醋栗干，在温水中浸泡 5 分钟，沥干，切碎

2 茶匙雪莉酒醋

$\frac{1}{2}$ 茶匙红糖

$\frac{1}{4}$ 茶匙盐

快手蒜蓉蛋黄酱

1 杯美乃滋

3 汤匙特级初榨橄榄油

1 瓣大蒜，捣碎

1 个柠檬的皮和汁

酸黄瓜

1 根水果黄瓜，切成 0.3 厘米厚的片

2 茶匙盐

3 汤匙切碎的新鲜莳萝

1 杯白米醋

$\frac{1}{2}$ 杯水

炸薯条

900 克褐皮土豆或肯尼贝克土豆，去皮

4 杯橄榄油或花生油

盐和现磨胡椒粉

1 杯新鲜鼠尾草叶

$\frac{1}{2}$ 杯新鲜甘牛至叶

牛肉饼

1100 克草饲牛肉馅，脂肪含量不低于 20%

$1\frac{1}{2}$ 茶匙盐

$\frac{1}{2}$ 茶匙新鲜胡椒粉

230 克孔泰奶酪，切片

无盐黄油，软化

2 个牛油果，去皮、去核、切片

2 个小宝石生菜或结球莴苣

制作汉堡包坯。至少要在汉堡包上桌前3小时开始制作。将每个面团整成小面包的形状。将面团放在烤盘上，间距为15厘米。轻轻按压面团，使面团略扁平，变大。将面团在室温下进行最终发酵，需1.5 ~ 2小时。将烤箱预热至230℃。在面团表面上刷上蛋液混合物，撒上亚麻籽和芝麻。烘焙约15分钟，至汉堡包坯表面呈金黄色。

制作焦糖洋葱。在平底锅中放入黄油，中火加热至熔化。放入洋葱和盐，翻炒10 ~ 15分钟，不时搅拌，直到洋葱变软并呈半透明状。随后不搅拌，继续加热洋葱约5分钟，直到锅底开始出现褐色物质。用木勺搅拌洋葱，刮起底部的褐色物质。然后在不搅拌的情况下，将洋葱再加热5分钟，直到锅底再次出现褐色物质，再次刮起这些物质。重复上述过程，直到洋葱呈现深焦糖色，时间为10 ~ 15分钟。加入雪莉酒醋搅拌，以使附着在锅底的褐色物质松动，再加热1分钟。将焦糖洋葱倒入碗中冷却。

制作樱桃番茄酱。在同一口平底锅中均匀铺上西班牙香肠，大火加热约5分钟，直到香肠被煎出一些油脂。加入红葱，翻炒3 ~ 5分钟，至变软。加入樱桃番茄，不时搅拌，直至番茄爆裂并流出汁液。将火调为中火，加入甘牛至叶、百里香叶和醋栗干，加热约15分钟，不停搅拌，直至液体蒸发，酱汁变稠。在酱汁制作好前几分钟加入雪莉酒醋、红糖和盐，搅拌均匀，盛入碗中。

制作蒜蓉蛋黄酱。在碗中加入美乃滋、橄榄油、大蒜、柠檬皮屑和柠檬汁，搅拌均匀。给碗盖上盖子，放入冰箱冷藏备用。

制作酸黄瓜。在碗中加入盐和莳萝，与黄瓜片拌匀，加入白米醋和水。放置一旁备用。

准备薯条。用刨丝器或削皮器将土豆纵向削成约0.3厘米厚的片，再将其纵向切成1.5厘米宽的薯条。将薯条放入一碗冷水中，浸泡至少15分钟，最多1小时。

制作牛肉饼。在汉堡包上桌前约30分钟准备好炭火烤架。将牛肉馅放入碗中，用手将盐和胡椒粉搅进肉里。生肉饼在烹制过程中会收缩，因此生肉饼的直径要比汉堡包坯的大1 ~ 2厘米。在肉饼两面撒上少许盐。用炭火将肉饼烤3分钟，或直至烤到你喜欢的程度。翻面，在肉饼上面放上孔泰奶酪和一些焦糖洋葱，烤约3分钟，至奶酪熔化、肉饼的另一面烤熟。移至盘中，静置 2 分钟。

将汉堡包坯对半切开，在切面上涂抹上软化的黄油。将切面朝下放在烤架上，烤约 2 分钟，至切面呈金黄色。

制作炸薯条。在深锅或电炸锅中倒入橄榄油，加热至 190℃。在盘子里铺上厨房纸巾，放在炉子或炸锅附近。抓起一小把薯条，尽量沥干。将薯条放入油中。一定要小心，因为油面会迅速升高！将薯条炸约 3 分钟，轻轻搅拌，至金黄色。用漏勺将薯条捞出，放到厨房纸巾上。用盐和胡椒粉调味。重复上述过程，炸完剩余的薯条。注意，等油温回到 190℃后，再重新炸薯条。待薯条炸好后，将鼠尾草叶和甘牛至叶放入热油中炸 10 秒钟，至酥脆，捞出后与薯条一起搅拌均匀。

将肉饼、汉堡包坯、番茄酱、蒜蓉蛋黄酱、酸黄瓜、牛油果和生菜端上餐桌。按自己的喜好组装汉堡包，配上炸薯条食用。

面包师肥肝

丹尼尔·科林的手工面包房位于一栋古老的石头建筑中。一楼有甜品厨房、面包工作坊、一座巨大的燃木烤炉，以及一家出售烘焙食品和熟食的店铺。烤炉旁边的架子上总是放着一罐罐新鲜的肉酱和果酱，我们把它们涂在热面包上，作为面包师的点心。

我很少有时间制作传统肉酱。因此，我们创作了一个快速好吃的配方，以满足我们对肉酱的渴望。它风味极佳，以至于会让人误以为需要花费很多的时间和功夫来制作。这个食谱的秘诀在于确保黄油处于室温状态，并且等肝脏冷却后再将两者混合。在将面包师肥肝冷藏之前，可以在上面再淋一层干邑白兰地黄油，为这道菜锦上添花。

4 ~ 6 人份

6 个鸭肝或鸡肝

适量橄榄油

3 个红葱，切碎

1 汤匙新鲜百里香叶

6 汤匙室温无盐黄油

$\frac{1}{2}$ 杯干邑白兰地

$\frac{1}{2}$ 茶匙盐

<u>干邑白兰地黄油</u>

3 汤匙室温无盐黄油

1 汤匙干邑白兰地

少许盐

3 片基础乡村面包（见第 24 页）或全麦面包（见第 92 页），烤热

用冷水冲洗干净禽类肝脏，去除可见的脂肪或结缔组织。在厚平底锅中倒入足以铺满锅底的橄榄油，大火加热。当油开始冒烟时，小心地放入肝脏，煎约 30 秒。快速将肝脏翻面，加入红葱，再煎 30 秒。加入百里香叶，煎几秒钟，

直至香气四溢。将平底锅离火，倒掉多余的油。趁锅还热，放入 2 汤匙黄油和 $\frac{1}{4}$ 杯干邑白兰地，搅拌均匀，将粘在锅底的褐色物质刮除。将锅中的食物倒入食物料理机，冷却 8 ~ 10 分钟。

待肝脏冷却后，在料理机中加入剩余的 4 汤匙黄油，搅打成浓稠的糊。加入盐和剩余的 $\frac{1}{4}$ 杯白兰地，再次搅打。尝一下味道，若有需要，再加点儿盐。将肝泥倒入大小合适的容器中。

制作干邑白兰地黄油。将黄油放入小碗中。在小平底锅中将干邑白兰地加热至温热，将其与盐一起放入黄油中，搅拌至黄油呈液态，然后均匀地浇在肝泥上。盖上盖子，将肝泥放入冰箱冷藏，直到干邑白兰地黄油凝固。冷食即可，或在室温下抹在热面包上享用。

意式脆皮猪肉卷

意式脆皮猪肉卷是烹饪猪肩肉的一种奢侈方式。在烤箱低温下烘焙 8 小时或更长时间后，肉会变得软烂，厨房里也会弥漫着浓郁的香味。最好在食用前一天晚上开始烤它，早上将它从烤箱中取出，切一片，配上鸡蛋和热面包作为早餐。这道菜也可以搭配玉米粥，剩下的可以用来做越南三明治（见第 215 页）。

4 ~ 6 人份

2200 克去骨猪肩肉

1 茶匙盐

<u>馅料</u>

1 束平叶欧芹，去茎

12 片新鲜鼠尾草叶

1 汤匙新鲜迷迭香叶

2 汤匙新鲜百里香叶

1 杯茴香叶，切碎

$\frac{1}{4}$ 茶匙红辣椒碎

1 汤匙茴香籽

5 瓣大蒜

2 茶匙盐

4 片隔夜基础乡村面包（见第 24 页），每片约 2.5 厘米厚，撕成小块

3 汤匙橄榄油

橄榄油

将猪肩肉切成 2.5 厘米厚的片，大小约为 20 厘米 ×35 厘米。将肉片平铺在案板上。放入 1 茶匙盐调味。

将烤箱预热至 100℃。

制作馅料。在食物料理机中加入欧芹、鼠尾草叶、迷迭香叶、百里香叶、茴香叶、红辣椒碎、茴香籽、大蒜和盐，搅打成糊。加入面包块和橄榄油，

搅打均匀。

将馅料均匀地涂抹在肉的表面。从一侧开始，将肉片卷起，用棉绳绑紧。将肉卷放在一张铝箔上。将铝箔的两侧向里折，盖住肉卷的两端，然后从一端卷起，包住肉卷。这有助于肉卷在烘焙时保持水分和脂肪。将肉卷放在烤盘上，烤 8 ~ 10 小时，至肉质软烂。

取出肉卷冷却时，不要撕掉铝箔。冷藏至少 2 小时，让肉卷变硬并保持形状。

将铝箔取下，剪开棉绳。将肉卷横切成约 2.5 厘米厚的片。烧热平底锅后，倒入足以铺满锅底的橄榄油，中火加热，然后放入适量猪肉卷。将肉卷煎 3 ~ 5 分钟，至表面呈褐色。翻面，将另一面煎 2 ~ 4 分钟，至变色，即可上桌享用。

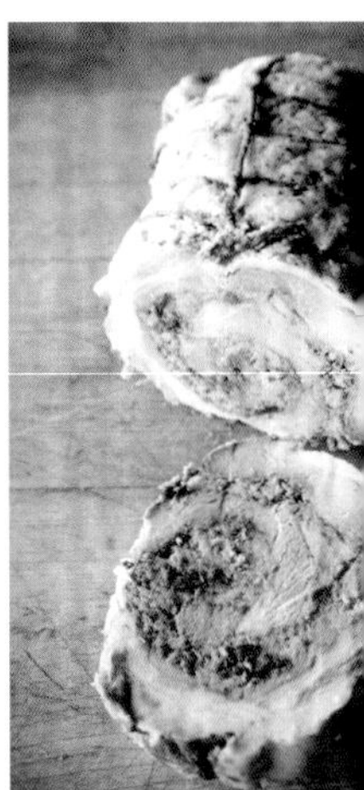

塔汀烤法式吐司

当我们想象塔汀面包房中最理想的法式吐司时，我们想到是一片厚厚的面包，吸满了卡仕达酱，表面则像法式焦糖布丁一样焦脆。虽然最终的食谱借鉴了面包布丁的做法，但做出的成品却是无可争议的法式吐司。面包至少要提前一小时浸泡在卡仕达酱中，每片面包都要吸收一杯多液体。标准铸铁平底煎锅可以放入两片大面包，你也可以增加卡仕达酱的量，以制作更多的法式吐司。秋冬季节，我们会在吐司上涂上熟透的柿子，再配上培根和枫糖浆。炒苹果或梨也可以代替柿子。

2 人份

卡仕达酱

3 个鸡蛋

2 汤匙糖

1 个柠檬的皮（刨成屑）

$\frac{1}{2}$ 茶匙香草精

$\frac{1}{4}$ 茶匙盐

1 杯牛奶

2 片隔夜基础乡村面包（见第 24 页），每片约 4 厘米厚

2 汤匙无盐黄油

枫糖培根

4 片厚切培根

1 汤匙枫糖浆

1 个熟透的蜂屋甜柿

制作卡仕达酱。在碗中加入鸡蛋、糖、柠檬皮、香草精、盐和牛奶，搅拌均匀。将面包片放入卡仕达酱中，静置约 1 小时，至面包片吸满汁液。

将烤箱预热至 180℃。

用中小火加热平底锅，用黄油擦一遍锅底。从卡仕达酱中取出面包片，放入平底锅。将面包片煎约 3 分钟，不时用锅铲压一压面包片，以将底部煎得均匀。这一步骤是通过加热面包片表面的卡仕达酱来封住面包片的底部，同时也为面包片能吸收更多的卡仕达酱做准备。

用勺子舀一些卡仕达酱，倒在面包片的中间。如果酱汁从面包片底部渗出，流到平底锅中，说明面包片底部还没有被完全封住。继续煎 1 分钟，稍稍按压面包片。当面包片上满是卡仕达酱时，小心地将平底锅移到烤箱的中层架上。不要翻动面包片。

烤 12 ~ 15 分钟后，轻轻晃动平底锅。如果卡仕达酱还是液体，请继续烤并再次检查。根据面包片的厚度，卡仕达酱可能需要 20 分钟才能完全烤熟。当卡仕达酱看起来呈固态，面包片膨胀起来时，法式吐司就烤好了。

在烤法式吐司的同时，你可以煎培根。用中火加热平底锅。放入培根，煎约 10 分钟，至培根边缘开始变脆。倒出锅中的油脂，将枫糖浆倒在培根上。与吐司一起放入烤箱，烤约 5 分钟，至培根上色。

用锅铲将法式吐司从平底锅中取出，将接触锅底的那一面朝上放入盘中，这面会焦糖化并变得酥脆。在法式吐司上涂上柿子，再配上培根一起享用。

发酵华夫饼

在华夫饼中使用“年轻”的天然酵种和波兰酵头，华夫饼会有发酵产生的独特醇厚风味，而不会有强烈的酸味。低筋面粉和玉米淀粉的混合使华夫饼的口感细腻酥脆。如果在清晨制作面糊，午餐时间就能制作华夫饼。或者，你也可以在睡觉前将面糊搅拌均匀，然后将面糊盖住，放进冰箱冷藏，等到早上制作华夫饼前再将蛋白打发、加入。

4 ~ 6 人份

4 杯天然酵种（见第 24 页）

2 汤匙波兰酵头（见第 104 页）

2 杯全脂牛奶

$1\frac{1}{4}$ 杯中筋面粉

$1\frac{1}{4}$ 杯低筋面粉

$\frac{2}{3}$ 杯玉米淀粉

7 汤匙糖

1 汤匙盐

$\frac{1}{2}$ 杯无盐黄油，熔化，多备一些用来涂抹锅底

6 个鸡蛋，将蛋白蛋黄分离

3 汤匙香草精

将天然酵种和波兰酵头放入大碗中。在平底锅中倒入牛奶，小火加热至温热。将牛奶倒入天然酵种和波兰酵头中，搅拌均匀。

将面粉和玉米淀粉筛入碗中，加入 5 汤匙糖和盐，搅拌均匀。在天然酵种和波兰酵头中加入黄油和蛋黄，边搅拌边逐渐加入干性原料。将面糊盖住，在温暖的地方（27 ~ 29℃）发酵 3 ~ 5 小时。面糊发酵的时间越长，华夫饼的风味就越浓。

在烤华夫饼前，在放有蛋白的碗中加入剩余的 2 汤匙糖，搅打至中性发泡。在面糊中加入香草精，搅拌均匀，然后加入打发的蛋白。

按照厂家的说明加热华夫饼机，然后刷上熔化的黄油。将面糊舀到华夫饼机中，烤 3 ~ 5 分钟，至金黄，即可享用。

“麻烦”阿芙佳朵

麻烦咖啡馆位于旧金山第四十六大道和犹大街交汇处，距离我和埃里克整年都去冲浪的那片海域只有几个街区。在寒冷的清晨冲浪后，我们都会去麻烦咖啡馆来一份“招牌恢复套餐”：热咖啡、厚切肉桂吐司和插着吸管、勺子的嫩椰子，这是一种很独特的组合。

在意大利语中，阿芙佳朵指一种在冰激凌球上浇上浓咖啡的甜点。这款阿芙佳朵是我最喜欢的甜点之一，灵感来自麻烦咖啡馆的“招牌恢复套餐”。脆脆的面包丁与口感细腻的椰子冰激凌形成鲜明对比。在亚洲或墨西哥农产品市场上可以买到新鲜的椰子。山羊奶焦糖也能在墨西哥市场上买到。在塔汀面包房，我们使用附近连锁咖啡馆——四桶咖啡的咖啡豆，它是我们附近的一家无与伦比的咖啡烘焙商，距面包房只有几个街区。

4 ~ 6 人份

椰子冰激凌

$1\frac{3}{4}$ 杯无糖椰丝

4 杯重奶油

2 杯全脂牛奶

2 个新鲜椰子

9 个大蛋黄

$1\frac{1}{3}$ 杯糖

1 汤匙黑朗姆酒

1 茶匙盐

肉桂焦香黄油面包丁

2 片隔夜基础乡村面包（见第 24 页），每片约 2.5 厘米厚

3 汤匙无盐黄油

$\frac{1}{2}$ 杯糖

1 茶匙肉桂粉

$\frac{1}{8}$ 茶匙盐

$\frac{1}{2}$杯山羊奶焦糖酱

4 ~ 6杯热意式浓缩咖啡

先将烤箱预热至150℃。将无糖椰丝平铺在烤盘上，烤15 ~ 20分钟，至浅金黄色。

在一口大锅中倒入重奶油和牛奶,用中高火煮沸。倒入烤椰丝中,搅拌均匀。浸泡45分钟后，用细筛过滤。丢弃椰丝。将奶油混合物倒回锅中。

去除椰子的外皮，直至剩下硬壳。用厨师刀或菜刀刀刃的底部，敲开薄而坚硬的椰子壳顶部。倒出椰子中所有的椰子水，留作他用。用勺子从椰壳中刮出柔软的椰肉，粗粗切碎。

将蛋黄和糖放入在碗中，搅拌均匀。用中火将奶油混合物煮沸。在蛋黄中倒入1杯奶油混合物，快速搅拌均匀。再加入1杯，再次搅拌均匀。将奶油蛋黄混合物倒入锅中剩余的奶油混合物中。将火调小，加热6 ~ 8分钟，不时搅拌，直至锅中混合物略微变稠，用细筛将其滤入碗中。加入朗姆酒、盐和椰肉，搅拌均匀。将碗盖住，放入冰箱冷藏过夜。

制作面包丁。将烤箱预热至175℃。在烤盘上铺上不粘布或硅油纸。切掉面包片的表皮，将面包片撕成小块。在平底锅中放入黄油，中火加热至黄油熔化，开始变色。将平底锅离火，加入面包块和糖，搅拌均匀。加入肉桂粉和盐，搅拌均匀。将面包混合物倒入准备好的烤盘中，烤20 ~ 30分钟，直至糖和黄油层焦糖化。从烤箱中将其取出，晾凉，移到一个小容器中，放入冰箱冷冻室保存。

将冷却后的椰肉混合物放入冰激凌机中，按照说明书加工。将做好的冰激凌转移到一个大容器中，放入面包丁和山羊奶焦糖酱，搅拌均匀。上桌时将冰激凌舀入碗或杯中，淋上意式浓缩咖啡，即可享用。

博斯托克

我们的博斯托克是用烤布里欧修制作的。面包吸满了橙子糖浆，烘焙时再抹上果酱和杏仁奶油，撒上杏仁片。这种面包与杏仁可颂类似。在塔汀面包房，我们会多做一些面包来制作博斯托克。这是配一杯咖啡或一壶茶的完美点心。我们喜欢使用不同的果酱，有时使用略带苦味的橘子酱，有时则选择较甜的黑莓酱或酸酸的杏子酱。

4 ~ 6 人份

橙子糖浆

$\frac{1}{4}$ 杯水

$\frac{1}{4}$ 杯砂糖

1 茶匙橙花水

$\frac{1}{4}$ 杯橙汁

1 个橙子的皮（刨成屑）

2 汤匙橙味利口酒

杏仁奶油

$1\frac{3}{4}$ 杯杏仁片

$\frac{1}{2}$ 杯砂糖

适量盐

2 个大鸡蛋

$\frac{1}{2}$ 杯无盐黄油

2 汤匙白兰地

6 片布里欧修（见第 121 页），每片约 1 厘米厚，烤过

$\frac{3}{4}$ 杯橙子酱、杏子酱或浆果酱

适量糖粉，用作装饰

制作橙子糖浆。在小平底锅中放入水、砂糖、橙花水、橙汁和橙子皮。中高火加热约 5 分钟，不断搅拌，至砂糖溶解，即可离火。加入橙味利口酒，

搅拌均匀。冷却至室温。

制作杏仁奶油。将 1 杯杏仁片、砂糖和盐放入食物料理机中，搅打至细碎。加入鸡蛋和黄油，打成糊状。将混合物倒入碗中，加入白兰地，搅拌均匀。盖上盖子，放入冰箱冷藏至少 1 小时，最多可储存 3 天。

将烤箱预热至 200℃。将面包片放在烤盘上，在面包片上先刷一层橙子糖浆，至非常湿润，再抹一层约 0.3 厘米厚的果酱，随后抹一层约 0.5 厘米厚的杏仁奶油，最后撒上剩余的 $\frac{3}{4}$ 杯杏仁片。烤 15 ~ 20 分钟，至面包片表面呈深金黄色。杏仁奶油会焦糖化，杏仁片会略焦。上桌前撒上糖粉即可。

朗姆巴巴配普鲁塞克浸油桃

这个经典版本是以浸泡在朗姆酒糖浆中的巴巴面包为基础制作的。法国人使用萨瓦林模具将巴巴面包烤成环形，意大利人则使用玛芬模具。如果提前一天制作并稍稍晾干，面包会更好地吸收糖浆。你可以根据自己的口味调整浸泡液中朗姆酒的用量。如果你使用的是冷冻室中的面包面团，在整形前应将其在室温下放置 30 分钟，或等到面团解冻到冰而不硬的程度后，再整形。

4 人份

巴巴面包

4 个布里欧修面团（见第 121 页），每个 80 克

糖衣开心果

1 杯砂糖

$\frac{1}{8}$ 茶匙盐

$\frac{1}{4}$ 杯水

1 杯生开心果

朗姆酒糖浆

1 瓶 750 毫升的干型普罗塞克酒

1 杯砂糖

1 个香草豆荚，纵向对半切开

1 杯黑朗姆酒

里科塔奶酪馅

2 杯全脂里科塔奶酪

$\frac{1}{2}$ 杯醋栗干

1 个橙子的皮（刨成屑）和汁

$\frac{1}{2}$ 茶匙香草精

$\frac{1}{4}$ 杯砂糖

3 个成熟的油桃，去核，切成楔形

适量糖粉

制作巴巴面包。至少提前 3 小时将每个布里欧修面团制作成圆柱形，然后将两端连接起来，做成环形。将面团分别放入涂有黄油的萨瓦林蛋糕模或环形模具中。将模具放在烤盘上，使面团在室温下进行最终发酵，需 2 小时。

将烤箱预热至190℃。将放有模具的烤盘放入烤箱。烘焙20分钟，至金黄色。将面包从烤箱取出，脱模，冷却。

制作糖衣开心果。在烤盘上铺上不粘布或硅油纸。在小平底锅中放入砂糖、盐和水，搅拌均匀。中火加热，至糖水的温度达到 160℃，中途不要搅拌。如果没有温度计，可观察糖水的情况，等到气泡消退、液体变成浅琥珀色即可。将锅离火，加入开心果，搅拌均匀。将锅中的开心果倒入烤盘中，用木勺摊平，静置至开心果凉到可以用手触摸。在糖衣变硬变脆之前，迅速将开心果一颗颗分开，移到另一个盘子里，待其完全冷却。

制作朗姆酒糖浆。在平底锅中倒入干型普罗塞克酒和砂糖，煮沸。用刀背或勺子将香草荚的种子刮入锅中，将豆荚放入锅中，小火加热 5 分钟。在锅中预留 1 杯朗姆酒糖浆，用作浸泡液，其余的倒入碗中，放在一旁冷却。

制作里科塔奶酪馅。在碗中加入里科塔奶酪、醋栗干、橙皮屑和橙汁、香草精和砂糖，搅拌均匀。

将烤好的巴巴面包浸泡在朗姆酒糖浆中至少 10 分钟，使其完全吸饱糖浆。将预留的浸泡液小火煮沸，放入油桃，煮 3 ~ 5 分钟，至水果热透但仍保持形状完整。从朗姆酒糖浆中取出巴巴面包，放入碗中。用勺子将里科塔奶酪馅舀入巴巴面包中间。盘子里放上油桃和一勺浸泡液。上桌前用糖衣开心果装饰，并撒上糖粉。

夏日布丁

这种布丁是一种传统的英式甜品，用当季最丰富的灌木浆果来制作，简单便捷。你只需将面包片铺在模具底部，再放入浆果后按压，挤出汁液，使面包片吸收即可。布丁冷却一夜后，就会凝固，可以像馅饼一样切片吃，也可以用勺子舀着吃。甜酸味平衡的浆果，如覆盆子、黑莓、蓝莓和美洲越橘是制作夏日布丁的理想的选择。

4 ~ 6 人份

4 杯柔软的夏季浆果，如覆盆子、黑莓、蓝莓或美洲越橘

$\frac{2}{3}$ 杯细砂糖

8 ~ 10 片布里欧修（见第 121 页），每片约 0.5 厘米厚

1 杯重奶油，略微打发

1 茶匙糖粉

在平底锅中放入浆果和细砂糖，中火加热，中途需要不断搅拌。煮沸 1 分钟后，将锅离火。在一个中等大小的玻璃盆或陶瓷盆（或 4 ~ 6 个小汤碗）里铺上面包片（要留下足够的面包片来盖住浆果）。将浆果和果汁倒入盆中。保留 2 汤匙浆果汁，以备装饰。

用预留的面包片盖在浆果上。在每个盆中放一个直径比盆口直径小的盘子，用重物压实，然后放入冰箱冷藏过夜。

将布丁脱模，放在案板上或盘子中。也可以用勺子将布丁分装到碗中。在上面淋上预留的浆果汁和奶油。撒上糖粉，即可享用。

丽莎的果酱

我和丽莎发现，制作果酱是厨房里最令人开心的工作之一。果酱是水果丰收的证明。它的用途广泛，可以作为奶酪拼盘的一部分，也可以作为烤肉的佐料，还可以涂抹在刚出炉的面包或烤面包片上。

好的果酱需要 3 种成分：果胶、糖和酸。水果天然含有果胶，这是一种凝胶剂，含量因水果种类而异。做果酱选择的水果大部分得是成熟的，但要确保其中 25% 还未完全成熟，因为这样的水果含有更多的果胶。糖能激活果胶，并使果酱变甜，同时也提供了一个酸性环境，阻止细菌生长。你可以使用白色的蔗糖或有机红糖。深色的有机糖精炼程度较低，会给果酱带来与白糖不同的风味。传统的配方往往要求一份水果配一份糖。按这种比例制成的果酱非常甜，糖浆较多，水果固体较少。我们的配方用糖较少，因此果酱中水果固体较多。我们还加入了柠檬汁以增加酸度。

如果你使用果胶含量低的水果制作果酱，需要将它们与果胶含量高的水果混合在一起以增加果酱中的果胶含量。例如苹果，每 500 克果胶含量低的水果可使用 1 个未去皮的大苹果。将苹果（包括核）切成 2.5 厘米见方的小块，放在正方形的粗棉布上，提起四角，用干净的绳子绑紧。将苹果和其他水果一起煮熟，最后丢弃苹果，将果酱舀入容器中。

果酱应煮至 105℃。海拔每升高 300 米，就要降低 1℃。例如，如果你的厨房在海拔 600 米，则应将果酱煮至 103℃。

果胶含量高的水果

苹果

浆果：黑莓、博伊森莓、醋栗、罗甘莓、覆盆子

柑橘类水果：橙子、橘子、柚子、柠檬（包括梅耶柠檬）、青柠、金橘

康科德葡萄

榅桲

果胶含量低的水果

浆果：蓝莓、草莓

无花果

意大利李子

梨

核果：杏、樱桃、油桃、桃子

<u>基础果酱配方</u>

1000 克水果

750 克糖

1 个大柠檬或 2 个小柠檬的汁

先用热肥皂水清洗干净瓶子、金属盖子和金属瓶箍，再用热水彻底将其冲洗干净。制作出的果酱的量因水果和糖的用量而异。一般来说，1600 克水果制作的果酱，可以装满 10 个容量为 230 克的瓶子。先给瓶子消毒：将瓶子瓶口朝上，直立放入大锅中，加入热水没过瓶子；水沸后再煮 15 分钟。将瓶盖和瓶箍放入锅中，加入热水没过，水沸后再煮 15 分钟。同时，清洗制作果酱需要的工具，比如勺子、漏斗和瓶夹，并用热水冲洗干净。从沸水中取出瓶子、瓶盖和瓶箍，放在干净的工作台上。

洗净水果，去掉梗或叶。将水果切成 1.5 厘米见方的块或 1.5 厘米厚的片。将水果、糖和柠檬汁放入不易与食物发生反应的锅中（如不锈钢锅、珐琅锅、玻璃锅等），确保水果高度低于锅边 8 厘米。如果你使用的水果水分较少（如杏），可先按每 500 克水果配 $\frac{1}{2}$ 杯水的比例放水。用中火加热，不停搅拌，直到水果开始出汁，糖开始溶解。

将火调大，继续加热，有需要可以搅拌，防止水果粘在锅底。当果酱表面开始起泡时，用勺子撇去泡沫。果酱一开始会剧烈起泡，然后慢慢变和缓。当果酱的温度达到 104 ~ 106℃时，关火并等待几分钟让果酱的温度下降一些。如果立即将果酱装入瓶中，水果会浮在上层。制作果酱的温度对所有水果和所有类型的腌制品都是一样的：应煮至 105℃；海拔每升高 300 米，就要降低 1℃。

用漏斗和勺子将果酱装入瓶中，高度到距瓶口 0.3 厘米处。用干净的毛巾擦去滴出来的部分。盖上盖子，用瓶箍密封。

如果使用沸水浴法处理装满果酱的瓶子，则要在大锅中放置一个架子；

架子的高度应为 2 ~ 2.5 厘米。将锅中装满水，煮沸。使用瓶夹，将装满果酱的瓶子放入水中，瓶子间距为 2.5 厘米，确保水面高于瓶口 5 厘米。如果使用市售的灌装机，请按照产品说明书操作。

请根据海拔高度调整加热时间。大多数制作标准都是针对海拔 300 米及以下的地区制订的。海拔为 300 ~ 900 米时，加热时间必须增加 5 分钟；海拔为 900 ~ 1800 米时，加热时间增加 10 分钟；海拔为 1800 ~ 2400 米时，加热时间增加 15 分钟。

将装满果酱的瓶子从沸水中取出，放在一边。冷却过程中，金属盖子收缩时会发出啪啪的声音。这表明瓶子密封良好。

如果瓶子没有经过消毒处理或密封不严，瓶装果酱冷藏最多可以保存 6 周。经过正确真空密封的瓶装果酱可在阴凉避光处保存至少一年。首次打开前，请检查瓶子密封是否完好。

|致　谢|

献给那些一直鼓励、支持我的人：我的妻子兼搭档伊丽莎白、厨房经理兼得力助手梅利斯、首席面包师拿单、精通多种语言的面包师洛里、咖啡厅经理苏珊娜、西拉、塔莉亚，以及所有与我共事的人。塔汀大家庭给予我的支持是无法估量的。最温暖的感谢送给你们所有人——还有永远爱我的爸爸妈妈。

感谢戴维·威尔逊以如此优美的方式描绘了我们美丽的店铺和惬意的心境。

感谢凯瑟琳·考尔斯，让我朝着正确的方向努力，使这个项目得以成功。感谢出版社的编辑团队：比尔·勒布隆、萨拉·比林斯利、朱迪思·邓纳姆和瓦妮莎·迪娜。感谢辛勤工作的你们。

还要特别感谢埃里克，他和我一起从头到尾完成了这本书的创作，并如此完美地记录了一段特殊的时光。

——查德·罗伯逊

感谢查德邀请我参与这个项目。

我的作品献给那些鼓励我不断追求梦想的人，是他们的关爱、建议和坚定不移的支持让我得以完成这部作品。谢谢贾兹、马尔科、妈妈和爸爸。

——埃里克·沃尔芬格